Ueber die
Herstellung von Dauermilch

unter

Anlehnung an Versuche mit einem bestimmten neueren Verfahren.

Von

Dr. R. J. Petri, und Dr. Albert Maaßen,
Regierungsrath. Hülfsarbeiter im Kaiserl. Gesundheitsamte.

Sonderabdruck aus den „Arbeiten aus dem Kaiserlichen Gesundheitsamte" Band VII.

Springer-Verlag Berlin Heidelberg GmbH 1891

ISBN 978-3-662-31816-4 ISBN 978-3-662-32642-8 (eBook)
DOI 10.1007/978-3-662-32642-8

Einleitung.

Seitdem wir über die Gefahren, welche der menschlichen Gesundheit durch den Genuß roher, Krankheitskeime enthaltender Milch drohen können, durch einwandsfreie Beobachtungen wenigstens bis zu einem gewissen Grade aufgeklärt sind, haben die seit langer Zeit bestehenden Bestrebungen, die Milch vor dem Genusse von solchen Infektionsträgern zu befreien, an Berechtigung und an Interesse gewonnen. Angesichts der wichtigen Rolle, welche der Milch unter den Nahrungsmitteln des Menschen von dessen Geburt an zufällt, muß die Gewährung dieses Hauptnahrungsmittels in gesunder Beschaffenheit, als eine vornehme Aufgabe praktischer hygienischer Bestrebungen betrachtet werden. Doch nicht nur die Hygiene allein hat ein Interesse an diesen Bethätigungen. Die Fernhaltung und die Abtödtung, kurz die Befreiung der Milch von Krankheitskeimen, führt naturgemäß, soweit dies durch die einzelnen Verfahren erreichbar ist, auch die Entfernung von Keimen überhaupt aus der Milch mit sich. Der im Interesse der öffentlichen Gesundheitspflege über die krankheiterregenden Mikroorganismen in der Milch errungene Sieg kommt daher in nennenswerther Weise der Volkswirthschaft zu Gute. Die Milch wird nicht nur gesund, sondern für eine praktisch ausreichende Zeit auch haltbar. Naturgemäß traten zuerst die Bestrebungen auf, haltbare Milch zu erzeugen, während die zielbewußte Entfernung von Krankheitskeimen erst weit später ein Gegenstand der Milchtechnik, bezw. bei jenen älteren Bereitungsweisen in den Vordergrund gestellt wurde. Gesundheitslehre und Volkswirthschaft gehen aber nicht nur äußerlich auf diesem Gebiete Hand in Hand, sondern ihre Interessen stehen hier mehr wie anderswo auch in innerem Zusammenhang. Die Milch ist längst als ein werthvolles Nahrungsmittel anerkannt und, wenn man auch in Erwägung zieht, daß selbst die durch Mikroorganismen in ihrer Zusammensetzung veränderte Milch in Form von zahlreichen Molkereiprodukten zweckentsprechende Verwendung findet, so hat die Hygiene der Volksernährung doch immer noch Grund genug, diejenigen Bestrebungen zu unterstützen, welche die Lieferung von billiger, gesunder und in einem gewissen Sinne auch frischer Milch in großen Mengen, insbesondere für unsere großen Städte und auch für unsere ärmeren Mitbürger ermöglichen wollen. Letzteres soll angebahnt werden durch die Herstellung von sogenannter „Dauermilch" im Großen und zu billigen Preisen.

In Anerkennung dieses Zusammenhanges hat das Kaiserliche Gesundheitsamt seit seinem Bestehen wiederholt Gelegenheit genommen, auf dem Gebiete der Milchhygiene seine Arbeitskraft einzusetzen. Insbesondere mag hier auf die Arbeiten von Preuße,[1]) Hüppe[2]) und Heim[3]) hingewiesen werden.

Auch die vorliegende Arbeit verdankt ihre Entstehung den gleichen Bestrebungen. Den äußeren Anlaß zu den Versuchen gab der Wunsch, die neueren für die sogenannte Sterilisation der Milch erfundenen Verfahren hinsichtlich ihres Werthes einer sachgemäßen Prüfung zu unterziehen. Eine solche Aufgabe kann natürlich nicht binnen kurzer Zeit erledigt werden. Um aber zu einem gewissen Abschluß zu gelangen, lag es nahe, wenigstens eines dieser Verfahren, welches für die Herstellung einer gesunden und haltbaren Milch im Großen von Aussicht scheint, eingehender und in der Weise zu untersuchen, daß die gewonnenen Ergebnisse auch in Hinblick auf die anderen Verfahren ihre Geltung behalten. Bestimmend für die Auswahl des Verfahrens war unter anderem auch eine behördlicherseits an das Gesundheitsamt gerichtete Anfrage, ob die Herstellung zuverlässiger und billiger Dauermilch durch dasselbe möglich sein würde. Der Beschreibung dieses Verfahrens, und der im Anschluß an dasselbe ausgeführten Untersuchungen soll eine kurze Uebersicht der wichtigsten früheren Arbeiten auf diesem Gebiete vorausgeschickt werden.

Historisches.

Diejenigen Verfahren, welche für die Herstellung von Dauermilch wirklich praktische Bedeutung erlangt haben, sind so gut wie ausschließlich dem Boden der praktischen Erfahrung entsprungen und nicht auf wissenschaftlichen Erwägungen aufgebaut. Sie sind daher auch älter, als unsere exakte Kenntniß von den Mikroorganismen. Trotzdem stehen die Sterilisirungsmethoden für Milch mit den Fortschritten auf dem letzterwähnten Erkenntnißgebiete in innigstem Zusammenhange. Es kommt dies hauptsächlich daher, weil die Milch einerseits ein besonders günstiger Nährboden für zahllose Arten der Mikroorganismen und andererseits sehr schwer zu sterilisiren ist. Das Studium der allgemein bekannten Zersetzungsvorgänge der Milch, unter denen man schon früh sogenannte „normale" von „abnormen" und „krankhaften" unterschied, füllt eins der bedeutsamsten Kapitel der Bakteriologie aus und ist noch keineswegs zu einem endgültigen Abschluß gekommen.

Gewisse Arbeiten, aus welchen sich zwar keine besondere Methode der Milchsterilisation entwickelte, die aber doch zu wichtigen Aufschlüssen für diesen Zweck führten,

[1]) Dr. Preuße, 1881. „Ueber technische Grundlagen für die polizeiliche Kontrole der Milch". Mitth. aus dem Kaiserl. Gesundheitsamte, Bd. 1 S. 378.

[2]) Dr. Hüppe, 1884. „Untersuchungen über die Zersetzungen der Milch durch Mikroorganismen", l. c. Bd. 2 S. 309.

[3]) Dr. Heim, 1889. „Versuche über blaue Milch". Arb. aus dem Kaiserl. Gesundheitsamte, Bd. 5 S. 518.

und welche man daher als Vorarbeiten betrachten muß, können hier an erster Stelle genannt werden. Schröder und v. Dusch[1]) fanden, daß gekochte Milch, zu der nur filtrirte Luft zutreten konnte, sich anscheinend ebenso schnell zersetzte, wie wenn sie der unfiltrirten Luft ausgesetzt war. Nur die Schimmelbildung auf ihrer Oberfläche wurde vollkommen verhütet. Später gelang es Schröder,[2]) die einzelnen Milchbestandtheile gesondert zu sterilisiren, und er schloß, daß die Milch Keime enthalte, die bei 100° in der Regel noch nicht völlig zerstört werden, aber durch sehr anhaltendes Erhitzen oder bei höheren Wärmegraden jede Entwicklungsfähigkeit verlieren.

Pasteur,[3]) welchem wir zahlreiche Arbeiten über die Milch verdanken, machte zunächst im Interesse des Kampfes gegen die Anhänger der sogenannten generatio spontanea, Versuche über die Milchsterilisation. Die auf 100° erhitzte Milch gerann bei alkalischer Reaktion unter dem Auftreten von „Infusorien“. Die Zahl der verdorbenen Gläser nahm aber ab bei längerem Erhitzen und Steigerung desselben auf 110° bis 112° C. Bei dieser Temperatur und $1^1/_2$ Atmosphären Druck blieb die Gährung aus und es stellten sich keine Mikroorganismen ein. Er schloß daraus, daß die Milch durch sehr widerstandsfähige, aus der Luft stammende Organismen verunreinigt war. Er fand, daß die Milchsäuregährung der Milch durch einen Mikroorganismus hervorgebracht wurde, den er „ferment lactique“ nannte, und als eine besondere Hefeart auffaßte. Von hohem Interesse für die Sterilisation der Milch waren die Untersuchungen, welche entscheiden sollten, ob dieselbe von Natur aus Mikroorganismen enthalte, einer Ansicht, der von vielen Seiten gehuldigt wurde, und die, wie wir jetzt wissen, wenigstens für bestimmte Mikroorganismen (Tuberkelbazillen) unter Umständen durchaus berechtigt ist. Es galt aber zu beweisen, daß die natürliche, gesunde Milch, wie alle Drüsenausscheidungen des normalen Körpers, frei von Bakterien ist. Diese Untersuchungen wurden zunächst im Interesse der sogenannten chemischen Gährungstheorie gemacht. Hoppe[4]) fand, daß die, unter allen Kautelen entnommene Ziegenmilch dennoch nach etwa 3 Tagen gerann, auch wenn man die Luft vorher mit Kohlensäure oder Wasserstoff verdrängt hatte. Milch auf 130° erhitzt, hielt sich jedoch. In einer späteren Arbeit wies Hoppe-Seyler[5]) nach, daß die Milch, auch wenn sie gar nicht an die Luft kam, dennoch gerann. Er schloß daraus auf die Anwesenheit eines chemischen Gerinnungsfermentes. In seinem Lehrbuch der physiologischen Chemie giebt er an, daß Milch in ein Glasrohr eingeschmolzen und auf 100° erhitzt, flüssig bleibt und ihre Reaktion nicht verändert. Da er bei späteren Versuchen[6]) die unmittelbar der Drüse entnommene Milch nicht konserviren konnte, nahm er die Anwesenheit eines Gerinnungsfermentes in der

---

[1]) Schröder und v. Dusch, 1854. Ueber Filtration der Luft in Beziehung auf Fäulniß und Gährung. Annalen der Chemie und Pharmazie. Bd. 89 S. 232.

[2]) Schröder, 1859. Ueber Filtration der Luft in Beziehung auf Fäulniß, Gährung und Krystallisation, l. c., Bd. 109 S. 35 und 1861, Bd. 117 S. 273.

[3]) Pasteur, 1860. De l'origine des ferments. Nouvelles expériences, rélatives aux générations, dites spontanées. Comptes rendues, tome 50, p. 840.

[4]) F. Hoppe, 1859. Untersuchungen über die Bestandtheile der Milch und ihre nächsten Zersetzungen, Archiv für pathol. Anatomie, Bd. 17 S. 417.

[5]) Hoppe-Seyler, 1871. Ueber Fäulnißprodukte und Desinfektion. Medizinisch-chemische Untersuchungen S. 361.

[6]) Hoppe-Seyler. Physiologische Chemie. 1877 S. 120, 1881 S. 753.

Drüse an, welches durch die Hitze zerstört wurde; die spätere Gerinnung der durch Hitze sterilisirten Milch erfolge durch Aufnahme von Mikroorganismen von außen. Daß Milch, die man durch Kochen, Abhaltung der Luft und des Staubes zu konservиren versuchte, im Laufe der Zeit dennoch gerann, wurde wiederholt beobachtet und gab Anlaß zu allerlei Erklärungsweisen dieser auffälligen Erscheinung, welche auf die Annahme besonderer Fermente, eine Einwirkung der Luft oder der Milchbestandtheile auf einander hinausliefen. Vergl. darüber die Eingangs erwähnte Arbeit von Hueppe, sowie die Arbeiten von M. Schmidt,[1]) Gorup-Besanez (Lehrbuch der physiologischen Chemie), v. Böhlendorff[2]) und Meißl.[3])

Den einwandsfreien Nachweis, daß die Gerinnung sicher(?) sterilisirter Milch erst nach dem Zusatz eines bestimmten, von ihm bacterium lactis genannten Mikroorganismus erfolgte, lieferte Lister.[4]) Ferner beobachtete er, daß Fäulniß, Buttersäuregährung, verschiedene Pigmentbildungen und Pilzwucherungen durch Impfung der sterilen Milch mit gewöhnlichem Wasser erzeugt werden konnten, und fand in jedem Fall andere Organismen. Seine sterile Milch ging an der Luft nicht in die gewöhnliche Milchsäuregährung über, sondern zersetzte sich in anderer Weise.

Von Interesse für spätere Milchkonservirungsmethoden sind sodann die Versuche von H. Meyer[5]), der das Verhalten der Milch zu verschiedenen, antiseptischen Mitteln (Kreosot, Thymol ꝛc.) studirte und für die Milchgerinnung organisirte Fermente annahm. Die bis dahin erwähnten Arbeiten waren noch nicht im Stande gewesen zu beweisen, daß am Gerinnen der Milch stets Mikroorganismen betheiligt sind. Erst weitere Arbeiten von W. Roberts[6]), Lister, Watson Cheyne[7]) und insbesondere von Meißner[8]) zeigten, daß die sorgfältig dem Euter entnommene Milch wirklich keimfrei ist, und ihre späterhin auftretenden Zersetzungen durch die zahlreichen Mikroorganismen hervorgerufen werden, die beim Melken u. s. w. hineingelangen. Den Weg, die Zersetzungen der Milch durch Mikroorganismen vermittelst der durch Koch eingeführten Methoden zu studiren, betrat alsdann Hueppe in der mehrfach erwähnten Arbeit. Er wies nach, daß der von ihm aus normal geronnener Milch durch das Plattenverfahren isolirte Milchsäurebazillus thatsächlich diese Säure erzeugte und ganz allgemein bei der Milchgerinnung auftrat. Wahrscheinlich ist sein Bazillus identisch mit Lister's bacterium

---

[1]) M. Schmidt, 1874 Ein Beitrag zur Kenntniß der Milch. Dorpat.

[2]) von Böhlendorff, 1880. Ein Beitrag zur Biologie einiger Schizomyceten, Dissertation. Dorpat.

[3]) Meißl, 1882. Ueber die Veränderung des Milchkaseïns, Berichte der deutsch. chem. Gesellsch. Bd. 13 S. 1259.

[4]) Lister, 1873. A further contribution to the natural history of bacteria and the germ theory of fermentative changes. Quarterly Journal of Microscopic Science, 1883, Bd. 13, P. 380, — 1878. On the nature of fermentation, l. c. Bd. 18, P. 177. — 1878. On the lactic fermentation and its bearings on pathologie. Transactions of the Pathological Society of London. Bd. 29.

[5]) H. Meyer, 1880. Ueber das Milchsäureferment und sein Verhalten gegen Antiseptika. Dissertation. Dorpat.

[6]) W. Roberts, 1874. Studies on Biogenesis. Philosophical Transactions of the Royal Society of London. Bd. 164 II S. 457.

[7]) Watson Cheyne, 1882. Antiseptic Surgery S. 42.

[8]) Nach Hueppe l. c.

clatis, vielleicht auch mit Pasteur's ferment lactique. Aber schon Lister hatte bei einer Wiederholung seiner sehr sorgfältig angestellten Versuche und unter Anwendung eines sinnreichen Verdünnungsverfahrens gefunden, daß verschiedene Bakterienarten die Milch sauer machen, welche Beobachtung von den späteren Forschern bestätigt wurde und zum Studium zahlreicher Milchbakterien führte. In der Folgezeit beschäftigten sich viele Bakteriologen mit der Milch; die Zersetzung derselben durch Mikroorganismen der verschiedensten Art wurde ausführlich studirt. Vergl. darüber die bekannte Arbeit von Löffler.[1])

Unsere Kenntniß von den Bakterien, welche die Milch zur Gerinnung bringen, wurde wesentlich erweitert durch die Arbeit von Marpmann.[2]) Er isolirte fünf verschiedene Bakterienarten, welche die Milch sauer machten, und studirte die Säurebildung in Milch, die mit Lackmus versetzt und zuvor sterilisirt war. Weitere Arbeiten über die Milchsäurebildung lieferte Escherich.[3]) Sein bacterium lactis aërogenes unterscheidet sich von den bis dahin bekannten, die Milch sauer machenden Bakterien durch die Fähigkeit, eine lebhafte Gasentwicklung in der Milch hervorzubringen. Aus den erwähnten Arbeiten geht hervor, daß eine ganze Anzahl von Bakterienarten im Stande ist, die Milch unter Auftreten einer sauern Reaktion zum Gerinnen zu bringen. Die Arbeiten lehren aber auch, daß die Milch bei alkalischer Reaktion gerinnen kann. Löffler zeigte, daß der gewöhnliche Kartoffelbazillus eine solche Zersetzung in der Milch hervorbringt. Drei andere von ihm gefundene Bakterienarten, darunter auch der von Hueppe beschriebene Buttersäurebazillus, wirkten in ähnlicher Weise. Alle vier bilden leicht Sporen, die gegen das Kochen widerstandsfähig sind.

Besonders förderlich für die Kenntniß der Milchzersetzung, ja von großem Werth für die Bakteriologie überhaupt, waren sodann die Untersuchungen über die blaue Milch, von denen wir die Arbeiten von Fuchs[4]) (1840) und von Neelsen[8]) besonders hervorheben. Eine weitere Reihe von Arbeiten beschäftigte sich mit dem Wachsthum der inzwischen entdeckten pathogenen Mikroorganismen in der Milch. Das Hauptergebniß dieser Versuche war die Feststellung der Thatsache, daß die erwähnten Bakterien (insbesondere die Bakterien der Cholera, des Typhus, des Milzbrand, des Erysipel, der Tuberkulose, des Rotz, der Diphtherie, die verschiedenen Pneumoniebakterien, die Eiterkokken, 2c.) in der Milch gut wachsen. Wichtig ist die dabei gemachte Beobachtung, daß die meisten dieser Krankheitserreger bei ihrem Wachsthum die Milch makroskopisch sehr wenig oder gar nicht verändern. Bei näherem Studium dieses Wachsthums zeigten sich allerdings gewisse Veränderungen, die man, besonders unter Zuhilfenahme der Lackmusmethode, zur Anschauung bringen konnte.

Eine rege Aufmerksamkeit ist dem Verhalten der Milch gegenüber den „normal" darin vorkommenden Mikroorganismen von Seiten der Milchinteressenten zu Theil geworden. Wichtige Arbeiten über das Verhalten der Bakterien in der Milch

---

[1]) Löffler, 1887. Ueber Bakterien in der Milch. Berliner klinische Wochenschrift, 1887, Nr. 33.

[2]) Marpmann. Ueber die Erreger der Milchsäuregährung. Ergänzungshefte zum Centralblatt für allgem. Gesundheitspflege, Bd. 2, Heft 12 S. 117.

[3]) Escherich. Referat über die Verhandlungen der Sektion für Kinderheilkunde auf der 62. Naturforscherversammlung zu Heidelberg, Zeitschr. f. Bakteriol. u. Par. 1889 S. 553 u. 585.

[4]) S. Löffler l. c.

sind nicht nur aus den Laboratorien der Universitäten, landwirthschaftlichen Hochschulen, Versuchsanstalten u. s. w. hervorgegangen, sondern auch viele Molkereien haben sich für dieses Studium Speziallaboratorien eingerichtet, und der Bedeutsamkeit der Bakterien für das gesammte Molkereiwesen wird in steigendem Maße Rechnung getragen.[1]) Ein Eingehen auf diese Forschungen, die ohne Zweifel mit der Frage der Milchsterilisation in innerem Zusammenhange stehen, muß an dieser Stelle unterbleiben.

Die wichtigsten Verfahren zur Herstellung von Dauermilch.

Die praktischen Bestrebungen, um welche es sich hier handelt, stehen, wie bereits früher erwähnt, nur zum Theil auf wissenschaftlicher Grundlage. Es ist daher nicht zu verwundern, daß die Bezeichnungen, unter denen viele der nachfolgend aufgezählten Methoden bekannt gemacht werden, mehr versprechen, als die Verfahren halten können. Eine kritische Würdigung derselben kann in erschöpfender Weise nur durch eingehende bakteriologische Prüfung jedes einzelnen geliefert werden. Vorarbeiten dazu liegen mehrfach vor; unter Benutzung derselben und auf Grund unserer allgemeinen Kenntnisse über die Bakterien in der Milch, können wir uns immerhin ein vorläufiges Urtheil bilden.

Schon der Umstand, daß die Zahl der Milchkonservirungsverfahren eine sehr beträchtliche ist und noch täglich zunimmt, legt die Vermuthung nahe, daß ein allen Bedürfnissen entsprechendes Verfahren noch nicht erfunden ist. Es wird daher zweckmäßig sein, zunächst auszusprechen, welchen Anforderungen genügt werden soll. Ist dies festgestellt, dann können die einzelnen Verfahren darauf geprüft werden, inwieweit sie den Erwartungen entsprechen. Es werden dabei auch diejenigen Schwierigkeiten zur Sprache kommen müssen, welche der Erfüllung jener praktisch berechtigten Forderungen im Wege stehen. Bekanntlich sind diese Schwierigkeiten zum größten Theil in der Milch selbst, ihrer Beschaffenheit, einschließlich des Verhaltens der Bakterien zu ihr und in den eigenartigen Verhältnissen begründet, welche mit der Gewinnung, der Aufbewahrung, dem Transport und der Vertheilung dieses wichtigen Nahrungsmittels verbunden sind. (Vergleiche darüber auch die zahlreiche Fachlitteratur: insbesondere das Archiv für animalische Nahrungsmittelkunde, die Zeitschrift für Fleischbeschau und Fleischproduktion u. s. w. von Dr. Schmidt-Mühlheim, die Milchzeitung von C. Petersen.)

Es handelt sich darum, die Milch gesund und dauerhaft zu machen. Von einer Keimfreiheit wird daher nur in seltenen Ausnahmen die Rede zu sein brauchen. Eine Milch ist gesund, wenn sie im Wesentlichen drei Anforderungen genügt:

1. Sie soll keine Krankheitskeime enthalten. Unter letzteren sind in erster Linie die Erreger gewisser Infektionskrankheiten zu verstehen, die in der Milch vorkommen bezw. darin sich halten oder gar wachsen können, wie die Keime des Typhus, der Tuberkulose, der Cholera, der Maul- und Klauenseuche, Diphtherie u. s. w. Vergl. darüber den von Dr. Würzburg auf der 63. Naturforscherversammlung gehaltenen Vortrag.[2]) So-

[1]) S. darüber auch Fleischmann, Milchzeitung Bd. 18. S. 181.

[2]) Dr. Würzburg. Ueber Infektionen durch Milch. Therap. Monatshefte 1891, Januar, sowie Dr. Sonnenberger, die Entstehung und Verbreitung von Krankheiten durch gesundheitsschädliche Milch. D. med. Wochenschr. 1890, Nr. 48 und 49.

dann darf die Milch auch keine Bakterien enthalten, die (bez. durch ihre abnorme Menge) im menschlichen Verdauungs-Apparat andere krankhafte Störungen hervorrufen können, wie dies z. B. für das bacterium lactis aërogenes von Escherich sehr wahrscheinlich gemacht ist. Selbstverständlich soll die Milch auch giftige chemische Körper nicht enthalten, von denen an dieser Stelle nur die durch das Bakteriumwachsthum erzeugten in Betracht kommen, wie z. B. das von Vaughan gefundene Tyrotoxikon.

2. Die Milch soll in ihrem Werthe als Nahrungsmittel möglichst unverändert sein. Abgesehen von den Verfälschungen darf ihre Verdaulichkeit nicht herabgesetzt sein und außerdem dürfen ihre werthvollen Bestandtheile, wie Eiweißstoffe, Kohlehydrate und Fett keine Zersetzung erlitten haben.

3. Ihre äußere Beschaffenheit, insbesondere das Aussehen, der Geruch und der Geschmack soll, soweit es sich um sogenannte frische Milch handelt, der letzteren so ähnlich wie möglich sein, jedenfalls die Gewähr bieten, daß sie gerne genossen wird. Die in ihrer äußeren Beschaffenheit mehr oder weniger veränderten Milchkonserven sind unter sinngemäßer Anwendung dieser Forderungen zu beurtheilen.

In zweiter Linie kommt nun die Forderung der Haltbarkeit in Betracht. Diese Forderung wird von Fall zu Fall sich ändern. Im Allgemeinen ist zu verlangen, daß die Milch bis zu ihrem Verbrauch möglichst unverändert bleibt. Bei der Bemessung dieser Zeitdauer ist jedoch noch eine Frage zu erledigen. Wie die nachstehenden Versuche ergeben und wie aus früheren Arbeiten hervorgeht, giebt es eine anscheinend nicht geringe Zahl von Bakterienarten, deren Abtödtung durch die hier in Betracht kommenden Verfahren keineswegs sicher gelingt. Man kann daher die Frage aufwerfen, ob nicht auch solche darunter sind, die durch ihr Wachsthum in der Milch Gifte erzeugen, ohne die Milch durch äußerliche Veränderungen ungenießbar zu machen. Die Möglichkeit solcher Fälle muß man zugeben, jedoch scheinen die bis jetzt in der „sterilisirten" Milch gefundenen Bakterien nur harmlose Saprophyten zu sein. Es wird schwer sein, selbst wenn einmal eine Vergiftung zu Stande kommt, den Zusammenhang zu beweisen; vor allen Dingen liegt die Schwierigkeit darin, darzuthun, daß ein etwa entdecktes Gift auch wirklich in Folge der Aufbewahrung der Milch sich gebildet hat und nicht schon in der frischen bezw. dem Verfahren noch nicht unterzogenen Milch vorhanden war. Glücklicherweise werden die den Eiweißkörpern ähnlichen, gefährlichsten Bakteriengifte durch höhere Hitzegrade zerstört oder doch abgeschwächt, ein Umstand, welcher den Konservirungsmethoden vermittelst Hitze zweifellos zu Gute kommt. Im Uebrigen sind die Akten über diesen Punkt erst eben eröffnet und man wird weitere Erfahrungen abwarten müssen.

Für eine ganze Anzahl von Verbrauchszwecken genügt es, die Milch für wenige Tage haltbar zu machen. Im Sommer ist selbst dies häufig nur nach Ueberwindung großer Schwierigkeiten zu erreichen, während es im Winter aus naheliegenden Gründen leichter ist. Wenn dieser Anforderung genügt wird, ohne daß der Preis der so hergerichteten Milch sich nennenswerth vertheuert, dann dürften die Bestrebungen der Hygiene hier im Wesentlichen als erfüllt anzusehen sein. Die Milch würde alsdann von ihrem Gewinnungsorte außerhalb der Städte durch die üblichen Transportmittel bis zur Vertheilung an die Abnehmer in der Stadt sich halten.

Ein weiterer Fortschritt würde sein, wenn auch die Abnehmer einen kleinen

Vorrath von Milch in unverändertem Zustande sich aufbewahren könnten. Es ist hierbei zunächst an die Zwischenhändler zu denken, die besonders in den Städten die Vermittlung zwischen dem Produzenten und dem Publikum herstellen, und in den bekannten zahlreichen Milchgeschäften und Kleinverkaufstellen die Milch während einer gewissen Zeit in einem den Anforderungen entsprechenden Zustande aufbewahren müssen. Die kleinen Haushaltungen und gewiß bei weitem die Mehrzahl der Arbeiterfamilien werden ihren Bedarf stets in kleinsten Portionen derartigen Quellen entnehmen. Für viele Haushaltungen, für Krankenhäuser, vielleicht auch für Speisewirthschaften würde es willkommen sein, eine haltbare Milch in „Einzelportionen", sei es vom Zwischenhändler oder vom Großhändler selbst, sich für den Bedarf einiger Tage wenigstens verschaffen zu können. Bei der Abhängigkeit, in welcher die Milchhändler nach Zeit und Ort von den Produzenten sind, würden sowohl die Kleinverkäufer als auch das Publikum die Dauermilch in Einzelportionen als einen Fortschritt begrüßen. Der hervorragende Werth für die Ernährung der Säuglinge, welchen die Gewährung gesunder Milch in kleinen Einzelportionen bietet, ist allseitig anerkannt, der Beschaffung und Handhabung derjenigen Apparate, welche die sogenannte Sterilisirung der Milch speziell für den letzterwähnten Zweck innerhalb der Haushaltungen ermöglichen, stehen nicht unbeträchtliche Schwierigkeiten im Wege, so daß man von der unmittelbaren Einführung billiger und guter Dauermilch in den Verkehr für die Kinderernährung eine wesentliche Besserung zu hoffen hat.

Eine Milch, die sich auf Wochen oder Monate hält, wird nur für besondere Verhältnisse erwünscht sein. Sie erscheint überall da am Platze, wo es nicht möglich ist, jederzeit eine frischere Milch zu beschaffen. Zur Versorgung des reisenden Publikums, speziell der Auswanderer auf Schiffen, wird solche Milch stets gute Verwendung finden; auch im Felde, bei Manövern, ferner in Krankenanstalten, Asylen, kurz überall da, wo eine größere Anzahl von Menschen zweckmäßig in eine gewisse Unabhängigkeit vom Milchproduzenten gebracht werden soll, würde die Möglichkeit, einen Vorrath von Dauermilch zu halten, von Werth sein. Die Größe der Portionen, in welcher die Dauermilch geliefert werden soll, hängt von der Art der Verwendung ab; die einzelnen Verfahren und Apparate müssen diesen verschiedenen Bedürfnissen Rechnung tragen.

Einige Worte mögen noch über die Schwierigkeiten gesagt werden, welche sich der Herstellung und dem Vertrieb der Dauermilch entgegenstellen. Auf die auf bakteriellem Gebiete liegenden Hindernisse muß noch später zurückgekommen werden. Hier sei zunächst der Umstand erwähnt, daß die Milch in Folge ihrer physikalischen Beschaffenheit nicht leicht gleichmäßig zu durchwärmen ist. Ferner, und das steht der längeren Aufbewahrung der sterilen Milch sehr im Wege, rahmt die der Wärme ausgesetzte Milch sehr leicht auf; der Rahmpfropf ist um so schwerer wieder zu zertheilen, je besser die Milch an und für sich, je älter dieselbe und je kleiner der freie Schüttelraum in den Gefäßen ist. (Vergl. darüber die Abhandlung von Dr. Schmidt-Mühlheim[1]). Bei weiten Transporten ist es ferner kaum zu vermeiden, daß die Milch in Folge der vielen Erschütterungen

[1]) Dr. Schmidt-Mühlheim. Ueber Schwierigkeiten, mit denen die Herstellung und die Aufbewahrung sterilisirter Milch zu kämpfen hat. „Archiv für animalische Nahrungsmittelkunde" 1890 Bd. 5 S. 83.

buttert, wodurch sie, wenigstens für gewisse Genußzwecke, sehr an Werth verliert. Es wird daher gerathen sein, sich nicht auf zu alte Dauermilch zu verlassen und so oft als möglich für frische Zufuhr zu sorgen. Ob die geschilderten Schwierigkeiten bei allen Konservirungsmethoden in gleichem Maße sich geltend machen, ist noch näher zu prüfen. Die Auswahl passender Gefäße bildet kein erhebliches Hinderniß und wird bei den einzelnen Verfahren zu besprechen sein. Schwieriger ist die Herstellung eines guten Verschlusses, und hängt der Werth des Verfahrens ganz wesentlich von diesem Punkte ab.

Wie schon erwähnt, ist die Anzahl der Verfahren zur Herstellung von Dauermilch eine sehr große. Es wird im Rahmen dieser Abhandlung nicht angängig sein, sie alle zu besprechen, nur einige der wichtigsten und bekanntesten sollen berücksichtigt werden, und zwar in nachstehender Reihenfolge:

Gruppe I: Verfahren, welche eine keimfreie Entnahme ermöglichen wollen;

Gruppe II: Verfahren, welche die Milch durch Erhitzen haltbar machen;

Gruppe III: Verfahren zur Haltbarmachung der Milch mittelst hohen Druckes ohne Steigerung der Temperatur;

Gruppe IV: Verfahren zur Haltbarmachung der Milch durch Erniedrigen der Temperatur (während der ganzen Aufbewahrungszeit);

Gruppe V: Verfahren zur Haltbarmachung der Milch durch Einwirkung von Elektrizität;

Gruppe VI: Verfahren, durch Ausschleudern der Verunreinigungen die Milch haltbar zu machen;

Gruppe VII: Verfahren, die Milch durch besondere Zusätze haltbar zu machen;

Gruppe VIII: Verfahren, bei denen der Wassergehalt der Milch herabgesetzt wird. Sie stehen nur äußerlich mit den vorigen Gruppen im Zusammenhang, da sie die Milch sehr wesentlich verändern und bis jetzt für hygienische Zwecke weniger in Betracht kommen. In diese Gruppe gehören die Verfahren: kondensirte Milch, Milchpulver, Milchextrakt herzustellen.

I. Verfahren, welche eine keimfreie Entnahme ermöglichen wollen.

Die Verfahren, welche in diese Gruppe gehören, sind nicht etwa deswegen vorangestellt, weil sie sich des größten praktischen Erfolges zu erfreuen haben, sondern weil sie theoretisch die natürlichsten sind. Sie begründen sich auf die schon erwähnte Keimfreiheit der natürlichen Milch. Die Versuche von Roberts (1874 s. o.), Lister und Watson Cheyne hatten zwar den Beweis geliefert, daß die Milch im gesunden Euter keimfrei ist; es ging aus denselben aber auch die große Schwierigkeit hervor, in selbst vorher sterilisirten Gefäßen diese keimfreie Milch aufzufangen und vor späteren Verunreinigungen zu schützen. Außer dieser fast unüberwindlichen Schwierigkeit haftet den Verfahren noch der weitere Fehler an, daß die Apparate sich in die Praxis schwer einführen lassen, weil ihre Anwendung, auf die Dauer wenigstens, zu Erkrankungen des Euters führt. Außerdem sind sie umständlich, theuer und stellen an die Fähigkeiten des Melkpersonals große Anforderungen. Wir beschränken uns daher auf die Erwähnung der Methode von Steinmann.[1]) Dieses „Milchentleerungsverfahren" besteht in der Aufstellung eines luftdichten Röhrensystems im Kuhstalle; dasselbe führt in ein luftdichtes Sammelgefäß, welches in einem besonderen Raume stehen kann. Mit den Kühen wird dies Röhrensystem durch biegsame Schläuche verbunden, die vermittelst besonderer Endapparate an den Strichen befestigt sind. Die Endapparate sind entweder Katheter aus Metall oder Hartgummi, die in die Striche eingeführt und von außen durch besondere Klammern fixirt werden, oder sogenannte Saugnäpfe, welche über die Zitzen gestülpt werden. Die Kathetermethode soll hauptsächlich bei Kühen in Anwendung kommen, die Saugnapfmethode bei Schafen, für welch letzteren Zweck auch noch gewisse Vereinfachungen des Röhrenapparats angegeben sind. Davon, daß diese Methode überhaupt Einführung in die Praxis gefunden hätte, ist nichts bekannt geworden. Bezüglich der Einzelheiten ist auf die Steinmann'sche Schrift selbst zu verweisen.

Die Ansaugung der Milch geschieht durch eine Luftpumpe. Die Leitung wird vor und nach der Benutzung durch eine Druckpumpe mit reinem Wasser gereinigt. Wie man sieht, beabsichtigt das Verfahren nicht, eine völlig keimfreie Milch herzustellen. Der Erfinder behauptet, daß die so entnommene Milch nicht nur einen feineren Wohlgeschmack, sondern auch größere Haltbarkeit besitzt, als die nach alter Methode gemolkene.

Neuerdings ist ein Verfahren vorgeschlagen worden, welches das dieser Gruppe zu Grunde liegende Prinzip ausnutzt und mit der nachfolgenden Sterilisation durch Hitze verbindet. J. P. Jungers in Mühlhausen i/E.[2]) hat sich ein besonderes Gefäß, das als Melk- und Sterilisirapparat benutzt werden kann, patentiren lassen. Dasselbe besteht aus einem kleineren Innengefäß für die Aufnahme der Milch, das größere Außengefäß dient zur Aufnahme des sterilisirenden Dampfes und nachher des Kühlwassers. Erst wird das Innengefäß durch durchgeleiteten Dampf sterilisirt und luftfrei gemacht, dann wird es durch Umdrehung von Hähnen vom Dampf abgesperrt und durch Einfließen von Kühlwasser in das Außengefäß in ihm ein Vakuum erzeugt. Es steht durch einen drehbaren Ansatz und eingeschalteten Hahn mit einem Euterkatheter in Verbindung. Die Milch wird durch das Vakuum nach Oeffnung des Hahnes ausgesogen, kann alsdann sofort sterilisirt und nach Beendigung der Sterilisation, wozu 40 bis 50 Minuten als ausreichend erachtet werden, durch Einströmen von kaltem Wasser in den Mantelraum abgekühlt werden. Sie soll sich wochen- und monatelang frisch erhalten.

II. Verfahren, welche die Milch durch Erhitzen haltbar machen.

Die meisten und wichtigsten Milchkonservirungsverfahren gehören in diese Gruppe. Unter ihnen sind die ältesten und die jüngsten. Das allen gemeinsame Prinzip, die Milch durch Einwirkung höherer Wärme, Erhitzen, haltbar zu machen oder gar zu sterilisiren, — entsprang nicht wissenschaftlichen Erwägungen, sondern der allgemein

---

[1]) Georg Steinmann. Die pneumatische Melkung und deren Bedeutung im Landwirthschaftsbetriebe. Mittelwalde, Selbstverlag d. V. 1888.

[2]) J. P. Jungers. Melk- und Milchsterilisirapparat. Beilage zur Milchzeitung (kleine Milchzeitung), herausg. von Petersen. Bremen. 1890 S. 435.

bekannten Thatsache, daß durch Kochen alle Nahrungsmittel haltbarer werden. Der erste, welcher in neuerer Zeit die Erhitzung als besondere Methode zur Konservirung von Nahrungsmitteln überhaupt, auch der Milch, empfahl, war Appert.[1]) Sein Verfahren bestand darin, daß er die mit Milch gefüllten und luftdicht verschlossenen Flaschen in einen großen mit Wasser gefüllten Kessel that und dessen Inhalt eine Stunde oder länger in lebhaftem Sieden erhielt. Seine Versuche fielen in die Zeit, als zwischen den Gelehrten der Kampf für und wider die generatio aequivoca tobte, und dienten als eine wichtige Stütze für den alten Satz Harvey's omne vivum ex ovo. Das Appert'sche Verfahren kehrte in der Folge in zahllosen Nachahmungen und Abänderungen wieder. Die wesentlichsten Verbesserungen, welche es erfuhr, berühren weniger das Prinzip, als vielmehr die Einzelheiten der Ausführung.

Namentlich unterscheiden sich die verschiedenen Verfahren hinsichtlich der Zeit der Einwirkung und der Höhe des Hitzegrades. Ein weiterer Unterschied bekundet sich in der Art der Erhitzung oder darin, ob die Erhitzung nur einmal stattfindet bezw. unter Einschaltung von Abkühlungspausen wiederholt wird. Weitere Unterschiede beziehen sich auf die Konstruktion der Apparate, der Aufbewahrungsgefäße und vornehmlich der Verschlüsse. Der besseren Uebersicht wegen sollen die einzelnen Methoden hierunter im Wesentlichen nach folgenden Gesichtspunkten geordnet werden: Erhitzung im Wasserbade, im Dampf, über freier Flamme, Berücksichtigung der Druckverhältnisse, ein- oder mehrmalige Erhitzung (fraktionirte Sterilisation nach Tyndall), Kombination von Erhitzung und Abkühlung, Berücksichtigung des Umstandes, ob die Milch in kleinen oder größeren Portionen, eventuell im kontinuirlichen Strome erhitzt werden soll, endlich Gefäße und Verschlüsse.

Das Appert'sche Verfahren erlangte hinsichtlich der Milch keine größere praktische Bedeutung. Es stellte sich bald heraus und zwar aus Gründen, die jetzt leicht verständlich sind, daß die Appert'schen Milchkonserven in vielen Fällen sich nur eine beschränkte Zeit hielten.

Da gelang es Pasteur,[2]) in den schon erwähnten Arbeiten nachzuweisen, daß man die Milch durch Erhitzung auf 110 bis 112° C unter einem Druck von etwa $1^1/_2$ Atmosphären sicher sterilisiren könne. Später zeigte er, daß man auch durch Erhitzen auf niedrigere Temperaturen zwischen 70 und 75° organische Flüssigkeiten, insbesondere den Wein[3]) für längere Zeit haltbar machen könne (Pasteurisiren). Pasteur erhitzte für gewöhnlich im Wasserbade. Bekanntlich fand seine Methode im Großen später auch Anwendung für die Haltbarmachung des Bieres,[4]) welches in geschlossenen, im Wasserbade stehenden Gefäßen erhitzt wurde.

Umfassende Untersuchungen über den Einfluß dieses Verfahrens auf die Milch wurden erst später angestellt. Dieselben erstreckten sich zunächst auf die chemischen Verhältnisse, während der bakteriologische Theil vorläufig noch zu kurz kam. Meißl[5])

---

[1]) François Appert. L'art de conserver toutes les substances animales et végétales. Paris 1831.

[2]) Pasteur. De l'origine des ferments, l. c.

[3]) Pasteur. Études sur le vin etc. 1872.

[4]) Pasteur. Études sur la bière etc. 1876.

[5]) Meißl, l. c.

konstatirte im Laboratorium der k. k. landwirthschaftlich-chemischen Versuchsstation zu Wien, daß die in luftdicht verschlossenen Flaschen erhitzte Milch sich jahrelang hielt. Er lieferte genaue Angaben über die makroskopischen und chemischen Vorgänge, welche in solcher Milch, auch nach mehrfachem Transport auf Reisen, eintrat. Die Flaschen verhielten sich nicht gleichmäßig. Einige blieben gut, andere zeigten ein „total verändertes" Aussehen, konnten aber nicht als geronnen bezeichnet werden. Der Geschmack veränderte sich, es trat schwach saure Reaktion auf. Die Milch wurde ranzig, es schied sich ein Serum ab und bildeten sich Niederschläge. Da durch einfaches Mikroskopiren keine Bakterien gefunden wurden, sollten die Veränderungen durch die gegenseitige Einwirkung der Milchbestandtheile auf einander zu Stande gekommen sein. Auch frische Milch, die zwei bis drei Wochen bei 60° gehalten wurde, verhielt sich ebenso. Beide von Pasteur herrührenden Konservirungsmethoden, sowohl das Erhitzen der unverschlossenen Milch bis 75°, als auch die Einwirkung höherer Temperaturen auf Milch in geschlossenen Gefäßen, liegen zahlreichen späteren Verfahren zu Grunde, von denen wir nur einige der wichtigsten und bekanntesten erwähnen können.

Nach Art der Pasteur'schen Oenothermes konstruirte R. Thiel in Lübeck seinen Pasteurisirungsapparat.[1]) Er läßt die Milch in dünner Schicht über die Innenfläche eines gerippten, von außen durch Dampf oder heißes Wasser erhitzten Metallcylinders in ein darunter gestelltes Kühlgefäß laufen. Fleischmann[2]) erzielte mit diesem Verfahren zufriedenstellende Ergebnisse.

Die Apparate von Ahlborn, Ahrens, Reinsch u. a., bei denen die Erwärmung durch ein schlangenförmiges Dampfrohr geschieht, ermöglichen die Erhitzung größerer Mengen Milch bis zu 100 Litern auf einmal. Alle diese Apparate können auch für kontinuirlichen Betrieb eingerichtet werden. Eingehende Untersuchungen über das Thiel'sche Verfahren unternahm Dr. J. van Geuns im Laboratorium von Forster.[3]) Er fand, daß die Milch, die bei dem Verfahren schnell auf 75 bis 85° erwärmt und alsdann plötzlich auf 12 bis 15° abgekühlt wurde, thatsächlich, wie schon Fleischmann angegeben, 12 bis 48 Tage sich hielt. Er untersuchte die Milch vor und nachher mit dem Koch'schen Plattenverfahren und stellte fest, daß dabei immer noch bis zu 9000 Keime im Kubikcentimeter angingen.

An dieser Stelle können wir auch die eingehende Arbeit erwähnen, welche Bitter[4]) unter Flügge's Leitung zur Prüfung und Verbesserung der bis dahin bekannten Pasteurisirungsapparate ausführte, und welche die Konstruirung eines neuen Apparates zur Folge hatte. Es gelang ihm, in der neuen Vorrichtung in der Vollmilch durch 35 Minuten langes Erhitzen auf 68° C, in der Magermilch schon in 15 Minuten bei 75° C die gewöhnlichen säurebildenden Saprophyten abzutödten; dabei konnte die Keimfähigkeit der Sporen nicht aufgehoben werden. Kühler und Transportgefäße wurden zuvor sterilisirt.

---

[1]) R. Thiel, D. P. 26291. — Technisch-chemisches Jahrbuch von Biedermann (Springer). Bd. 6. 1883/84.

[2]) Fleischmann. Milchzeitung, Jahrgang 13 S. 341.

[3]) van Geuns. Ueber die Einwirkung des sogen. Pasteurisirens auf die Milch. Archiv f. Hygiene 1885 S. 465.

[4]) Bitter. Ueber Pasteurisirungsapparate. Zeitschr. f. Hygiene. Bd. 8 S. 240, 1890.

Das Pasteur'sche Verfahren erfuhr verschiedene Abänderungen, von denen wir einige erwähnen wollen. So konstruirte Feska[1]) einen Milchheizapparat für kontinuirlichen Betrieb. Ferner gaben Dirks und Moellmann,[2]) sowie F. R. Hochmuth[3]) Apparate zum Pasteurisiren mit Dampferhitzung an. Weitere Studien über den Einfluß des Pasteurisirens auf die Bakterien unter Berücksichtigung der Milchkonservirung unternahm J. Forster.[4])

In ähnlicher Weise, wie Pasteur dies zuerst ausführte, verfuhr Eduard Scherff in Wendisch-Buchholz, dessen Verfahren große Verbreitung gefunden hat. Er erhitzte die Milch in geschlossenen Gefäßen unter einem Druck von 2 bis 4 Atmosphären ein bis zwei Stunden lang auf 100 bis 120° [5]). Um dies durchzuführen, sind die Flaschen mit einem eigenthümlichen Verschluß versehen, der den wesentlichsten Theil des Patentes bildet. Die Flaschen werden mit einem Kork verschlossen und nach der Abkühlung dessen obere Fläche mit Paraffin ausgegossen. Die Professoren Roloff und Munk machten Versuche mit dem Verfahren und fanden es ausreichend. In größerem Maßstabe suchte es der Hofpächter Drenkhahn[6]) in Stendorf auszuführen. Aeltere Verfahren, so die von Klenze,[7]) Nägeli, Engling, Krüger und Ludwig Scherff,[8]) sind ähnlich und unterscheiden sich hauptsächlich nur durch den Flaschenverschluß. Die nach allen diesen Verfahren behandelte Milch ist in ihrem Aussehen und in ihrem Geschmack nicht unerheblich verändert, sie sieht gelblich aus und hat an Wohlgeschmack verloren. Trotzdem werden die Scherff'schen Konserven gerne gekauft. Gerber[9]) machte darauf aufmerksam, daß die Scherff'sche Milch bei längerem Aufbewahren sehr stark aufrahmt; auch erwähnte er, daß schon vor längerer Zeit in Bremerhaven Milch in luftdicht verschlossenen Blechbüchsen erhitzt und zur Verproviantirung der Schiffe verkauft worden ist. Solche von ihm untersuchte Milch war gelblich braun und schmeckte unangenehm. Martiny äußerte sich über die Scherff'sche Milch günstiger. In gleicher Weise lauteten die Angaben von Baginsky, der nach drei Jahre langer Beobachtung und Prüfung dieselbe als „überraschend" gut bezeichnete. Auch Fresenius hat mehrere Analysen der Scherff'schen Milch ausgeführt und zufriedenstellende Resultate gehabt. Dem Scherff'schen Verfahren ähnlich ist das von O. v. Roden.[10]) Die mit Kork verschlossenen Milchflaschen werden unter Zuhilfenahme einer nachher zu entfernenden Kapsel, bezw. Gummidichtung, mit Oel oder Glycerin ausgegossen und auf 105° erhitzt. Hier sei auch die Methode von Hochsinger[11]) erwähnt.

Einer großen Verbreitung, insbesondere zur Herstellung sogenannter steriler Milch

---

[1]) Feska. Milchzeitung (Bremen, Petersen) 1882 S. 657.

[2]) Dirks und Moellmann. Milchzeitung, Bd. 10 S. 619.

[3]) F. R. Hochmuth. Dresden, D. P. 40730.

[4]) J. Forster. Münchener med. Wochenschrift 1886 Nr. 35.

[5]) E. Scherff. Ein neues Verfahren zur Konservirung von Kuhmilch. Milchzeitung 1882 S. 43.

[6]) Milchzeitung 1882 S. 69.

[7]) l. c. S. 789.

[8]) l. c. S. 233.

[9]) Gerber. Zur Konservirung der Milch. Milchzeitung 1882 S. 186 und 362. Die natürliche Präservation der Kuhmilch und die Milchverproviantirung der Zukunft u. s. w. New-York, 1883.

[10]) O. v. Roden. D. P. 24169, Technisch-chemisches Jahrbuch 1883/84. Bd. 6.

[11]) Ueber Säuglingsernährung mit keimfreier Milch und eine Milchsterilisirungsanstalt nach Soxhlet'schen Prinzipien. Wien 1889.

für Kinder, erfreut sich das nun zu besprechende Verfahren von Soxhlet.[1]) Die kleinen, mit Milch gefüllten Flaschen werden im kochenden Wasser erhitzt. Der Verschluß der Flaschen verhindert den Zutritt des Luftstaubes in sinnreicher Weise. Das Verfahren ist so bekannt, daß eine weitere Beschreibung hier überflüssig erscheint. Zahlreiche Arbeiten haben sich mit demselben befaßt, alle bestätigen seine Brauchbarkeit. Eine Keimfreiheit der Milch kann und soll dabei nicht erzielt werden. F. A. Schmidt[2]) empfahl das Verfahren ganz besonders und erwartete von seiner allgemeinen Einführung eine Herabsetzung der Kindersterblichkeit für das erste Lebensjahr von 40 bis 60 pCt. Wegen der Schwierigkeit der Einführung des Apparates in die ärmeren Haushaltungen befürwortete er die inzwischen auch in einigen Orten erfolgte Einrichtung von Centralstellen, von denen aus eine Vertheilung von nach Soxhlet behandelter Milch ausgeübt werden soll. Auch Escherich[3]) empfahl das Verfahren. Bei der großen Verbreitung desselben wurde es bald durch kleine Zusätze und Aenderungen verbessert, von denen wir diejenigen von Widowitz[4]) und von Eisenberg[5]) erwähnen wollen.

In ähnlicher Weise wie Soxhlet versuchten auch Egli und Escherich in ihren bekannten Apparaten die Bereitung von Milch für die Ernährung der Säuglinge. Ueber die bakteriologische Prüfung der nach ihren Methoden behandelten Milch s. weiter unten. Der von Soxhlet ausgegangenen Anregung verdanken zahlreiche Verfahren, auf deren Beschreibung wir verzichten müssen, ihre Entstehung. Bei einigen derselben wird (für Haushaltungszwecke, für Krankenhäuser u. s. w.) die Milch in der Menge von mehreren Litern auf einmal im Wasserbade erhitzt. Sie befindet sich in besonderen Gefäßen, die mit zweckmäßigem Ausflußhahn und Watteverschluß für den Eintritt der Luft beim Abfüllen versehen sind, z. B. die Verfahren von Timpe[6]) und Hippius[7]).

Eine weitere Anregung zur Erfindung von neuen, brauchbaren Milchkonservirungsverfahren gaben die bekannten grundlegenden Arbeiten von Koch und seinen Schülern über die Sterilisation vermittelst strömenden Wasserdampfes. Hueppe zeigte, daß Milch in Reagensgläsern und Kolben auf diese Weise sicher sterilisirt werden konnte. Hesse[8]) wandte Koch's Methode zur Sterilisirung von Nahrungsmitteln an und konstruirte den bekannten Apparat, welcher auch für die Milch an vielen Stellen Anwendung fand. Nach dem Koch'schen Prinzip ist auch der Apparat von J. Amory Jeffries[9]) konstruirt. Er fand, daß 15 Minuten langes Erhitzen erst nach zweimaliger Wiederholung eine ausreichende Haltbarmachung hervorbrachte. Einen besonderen Apparat

---

[1]) Soxhlet. Verfahren zur Milchsterilisirung. Münchener med. Wochenschrift 1886 Nr. 15 u. 16.

[2]) F. A. Schmidt. Die Ernährung des Kindes im ersten Lebensjahr. Centralbl. der allg. Ges.-Pflege, Bd. 6 S. 86.

[3]) Escherich. Ueber die normale Milchverdauung des Säuglings. Vortrag auf der 60. Naturforscherverſ. in Wiesbaden vom 18.—24. Sept. 1887.

[4]) Widowitz. Eine Modifikation des Soxhlet'schen Verfahrens. Pharmaz. Centralhalle Bd. 31 S. 4.

[5]) Eisenberg. Ueber keimfreie Kuhmilch und deren Verwendung zur Kinderernährung. Wiener klin. Wochenschrift. 1889. Nr. 10 bis 12.

[6]) Timpe. l. c. Bd. 30 S. 337.

[7]) Hippius. Berl. Klin. Wochenschrift. 1890 S. 1048.

[8]) Hesse. Apparate zur Sterilisirung. Deutsche med. Wochenschrift. Bd. 12 S. 223.

[9]) J. Amory Jeffries. On the sterilisation of milk and foods for infants. The american Journal of the medical sciences 1888 S. 486.

dieser Art hat auch Escherich[1]) angegeben; die reinlich entnommene Milch wird auf 22° gebracht und im strömenden Dampf erhitzt. Dabei sind die Flaschen offen und werden nach Beendigung der Erhitzung durch eine Drehung des Pfropfens einzeln verschlossen. Einen Apparat zur Herstellung sterilisirter Milch für Kinder zum Großbetrieb nach dem Prinzip von Koch hat Grünwald[2]) angegeben. Die Milch wird in Flaschen, welche $^1/_2$ bis 1 Liter fassen und im Dampfraum des Apparates in Einsätzen über einander geschichtet sind, im strömenden Dampf sterilisirt.

Bakteriologische Untersuchungen der nach den vorstehend skizzirten Verfahren von Pasteur, Thiel, Bitter rc. behandelten Milch hatten ergeben, daß dieselbe keineswegs vollständig keimfrei geworden war. Es lag daher nahe, die von Tyndall angegebene fraktionirte Sterilisation, von der schon Hueppe viel erwartet hatte, zu versuchen. Auf den Prinzipien Tyndall's begründet sich im Wesentlichen das Verfahren von Ch. G. Dahl.[3]) Natürliche frische Milch auf 10 bis 15° C abgekühlt, wird in Flaschen gefüllt, die luftdicht verschlossen werden, und alsdann $1^3/_4$ Stunden auf 70° erhitzt. Dann werden die Flaschen abgekühlt und $1^3/_4$ Stunden bei 40° gehalten, und darauf schnell wieder auf 70° erhitzt. Die ganze Prozedur wird nochmals wiederholt und die Milch zuletzt noch eine halbe Stunde auf 80 bis 100° gebracht und dann auf 15° abgekühlt. Auf diese Weise soll es gelingen, die Milch vollständig keimfrei zu machen. Diese Erfahrung läßt sich durch unsere Beobachtungen deuten, nach welchen plötzliche Temperaturschwankungen für die Abschwächung bezw. Abtödtung der Keime in der Milch von besonderem Werth sind.

Ganz ähnlich ist das Verfahren von P. Jensen.[4]) Die auf 10 bis 15° abgekühlte Milch wird in geschlossenen Gefäßen auf 150° C gebracht, und alsdann mehrmals abwechselnd je $1^3/_4$ Stunden auf 70 und 40° erhalten. Den Schluß macht eine halbstündige Erhitzung auf 100° mit nachfolgender Abkühlung auf 15°. Sollte, worüber uns Angaben fehlen, die Erhitzung auf 150° wirklich stattfinden, so muß die Milch dadurch sehr unvortheilhaft verändert werden.

Neuerdings wird von verschiedenen Seiten „sterilisirte" Milch in Flaschen, meist mit Patentverschluß, in den Handel gebracht, ohne daß über die Bereitungsweise Angaben gemacht sind. Manche dieser Konserven entsprechen, soweit wir dies bis jetzt beurtheilen können, den Anforderungen.

An diese Verfahren schließt sich auch dasjenige von Neuhauß, Gronwald und Oehlmann an, mit welchem unsere Versuche gemacht worden sind, und über welches in einem besonderen Theile dieser Arbeit berichtet wird.

Schließlich sind an dieser Stelle noch die Methoden zu erwähnen, bei denen die Milch behufs Haltbarmachung über freiem Feuer erhitzt wird. Sie hätten ihrer Einfachheit halber den andern Sterilisirungsverfahren mit Hitze eigentlich vorangestellt werden müssen. Ihre Leistungen sind aber wesentlich geringere, zumal die Milch in

---

[1]) Escherich. Ueber die Keimfreiheit der Milch, nebst Demonstration von Milchsterilisirungsapparaten nach Soxhlet'schem Prinzip. Vortrag. Münch. med. Wochenschr. 1889, Nr. 46 bis 48.

[2]) Grünwald. Prager med. Wochenschrift 1889, Nr. 14.

[3]) Ch. G. Dahl. Drammen (Norwegen). D. P. 39796, Milchzeitung. Bd. 16 S. 736.

[4]) P. Jensen. E. P. 10903, Technisch-chemisches Jahrbuch 1887/88.

den Apparaten leicht anbrennt oder sich sonst verändert. Wir beschränken uns auf die Erwähnung der Apparate von Soltmann, Bertling[1]) und Städtler. Die letzterwähnten Apparate ermöglichen zwar die in denselben befindliche Milch auf kurze Zeit vor dem Verderben zu bewahren, wie es bekanntlich durch das einfache Kochen im Haushalt allein schon geschieht; ein Haltbarmachen auf längere Zeit gelingt jedoch nicht. Einige der in diesem Abschnitt beschriebenen Verfahren sind von Emma Strub[2]) im hygienischen Institut zu Zürich geprüft worden. Dieselbe fand, daß die Verfahren von Soltmann, Bertling, Städtler, Gerber, Egli und Escherich den Keimgehalt der Milch zwar verringerten, aber nicht aufhoben. Bei ihren eigenen Versuchen, eine geeignete Methode aufzufinden, konstatirte sie, daß die Sporen des bacillus mesentericus vulgatus auch durch mehrfach wiederholtes Erhitzen im Koch'schen Apparate in der Milch nicht abgetödtet werden konnten. Sie fand diesen Bazillus in mehreren Milchsorten vor. Einmal stieß sie auch auf den, von Globig beschriebenen, rothen Kartoffelbazillus. Am Vorhandensein dieser Bakterien scheiterten ihre Bestrebungen. Die neben dem bacillus mesentericus vulgatus gefundenen, widerstandsfähigen Bakterienarten, welche auch die fraktionirte Sterilisation überdauerten, kamen in ziemlich geringer Keimzahl vor und zeichneten sich durch ein sehr langsames Auskeimen aus. Auch Freudenreich[3]) konnte durch fraktionirte Sterilisation auf 75° die Milch nur für eine Zeit lang haltbar machen. Nicht einmal die Sporen des Heubazillus wurden getödtet. Er empfahl die Apparate von Egli Sinclair und Soxhlet. Die in diesen Apparaten haltbar gemachte Milch blieb bei gewöhnlicher Temperatur längere Zeit anscheinend unverändert. Im Brutofen zersetzte sie sich aber schon nach 24 Stunden, so daß ein Kubikcentimeter bis 4 Millionen Keime aufwies. Von den in letzter Zeit bekannt gewordenen Verfahren ist noch dasjenige zu erwähnen, welches Dr. Schmidt-Mühlheim[4]) angegeben hat. Sein Flaschenverschluß besteht in einer überfallenden, aufgeschliffenen Glaskappe, deren Schliff durch zwei rinnenförmige Vertiefungen, in ähnlicher Weise wie bei den bekannten Tropfgläsern, durchbrochen ist. Dieser Verschluß hat den Vorzug großer Einfachheit; für bakteriologische Zwecke ist er bekanntlich schon seit längerer Zeit in Gebrauch. In einfacherer Form wurde er unseres Wissens zuerst von Flügge an Stelle des Soxhlet'schen Verschlusses angewandt. Die Sterilisirung kann im Wasser- oder im Dampfbade in jeder Haushaltung ausgeführt werden; die Einzelportionen sind so klein bemessen, daß sie gerade für eine Mahlzeit ausreichen. Schmidt-Mühlheim giebt für diesen Zweck einen billigen Apparat an, der aus einem einfachen Blechtopf mit übergestülpter Glocke von beiderseits lackirtem Papier besteht. Der Dampf strömt oben durch ein Loch ab, welches nach Beendigung der Sterilisation mit Watte verschlossen wird.[5])

---

[1]) Dr. Albu. Beschaffung guter Milch ꝛc. durch den patentirten Bertling'schen, luftdicht verschließbaren Milchapparat. Berlin, Damköhler.

[2]) Emma Strub. Ueber Milchsterilisation. Centralbl. f. Bakteriologie u. Parasitenkunde, Bd. 7. 1890 S. 665, 689 u. 721.

[3]) Freudenreich. Notes sur les essays de stérilisation du lait dans l'alimentation de l'enfant. Annales de micrographie, 1888, numéro 1.

[4]) Dr. Schmidt-Mühlheim. l. c.

[5]) Dr. Schmidt-Mühlheim, 1890. Ein neuer Dampfmilchkocher. l. c. Bd. 5, Nr. 7.

III. Verfahren zur Haltbarmachung der Milch mittelst hohen Drucks ohne Steigerung der Temperatur.

Ihr gemeinsames Prinzip beruht auf der Thatsache, daß viele Mikroorganismen bei wesentlich gesteigertem Druck aufhören, weiter zu wachsen. Da aber ein wirkliches Abtödten auf diese Weise nicht zu Stande kommt, so kann von einer Sterilisirung nicht die Rede sein. Wir erwähnen diese Gruppe nur der Vollständigkeit halber, praktische Bedeutung haben die wenigen, hierher gehörigen Verfahren nicht erlangt. Hier können auch diejenigen Konservirungsmethoden berührt werden, die durch Einpressen von Gasen, wie Kohlensäure, die Milch haltbar zu machen suchen.

IV. Verfahren zur Haltbarmachung der Milch durch Erniedrigen der Temperatur.

Die Milch hält sich natürlich bei niederer Temperatur länger, als bei höherer. Durch künstliches Herabsetzen der Temperatur, eventuell bis zum Gefrieren, kann man bakterielle Zersetzungen in der Milch zum Stillstand bringen. So lange dieser Zustand anhält, bleibt die Milch vor weiteren Veränderungen geschützt. Die Keime werden durch die Kälte aber keineswegs getödtet, ja, wenn die Kälte nicht sehr groß ist, nicht einmal abgeschwächt; sobald die Milch aufthaut, wachsen sie weiter. Eine mitten in der Zersetzung begriffene Milch, oder eine solche mit Krankheitskeimen, verliert daher nichts von ihrer verderblichen Beschaffenheit. Diese Methoden haben deshalb auch wenig Aussicht, befürwortet zu werden; ihre Anzahl ist außerdem eine ziemlich geringe. Wir erwähnen die Verfahren von Leze[1]) und Guérin[2]). Beide bezwecken, die Milch für den Transport haltbar zu machen. Vieth wirft mit Recht diesem Verfahren vor, daß die Milch während der Zeit, wo sie sich in den Eismaschinen befindet, stark aufrahmt, und daher die Vertheilung des Rahms (Sahne) in den gefrorenen Milchstücken eine sehr ungleiche ist. Auch Bitter betont in seiner bereits erwähnten Arbeit das Bedenkliche dieser Verfahren in hygienischer Beziehung. Gleichwohl ist die Anwendung von Kälte zu vorübergehender Beschützung der Milch vor schnellem Bakterienwachsthum ein werthvolles Hilfsmittel in Verbindung mit den anderen Methoden. Für derartige Zwecke wird die Abkühlung nur bis auf etwa 5 bis 8° getrieben. Die bekannten, zahlreichen Milchkühlapparate dienen dieser Aufgabe. Uebrigens war ein Verfahren, die Milch durch Kälte zu konserviren, schon von Donné[3]) angegeben und für Haushaltungszwecke empfohlen worden.

V. Verfahren zur Haltbarmachung der Milch durch Einwirkung von Elektrizität und VI. durch Ausschleudern der Verunreinigungen.

Beide Arten von Verfahren sind verhältnißmäßig wenig im Gebrauch und in ihrer Anwendungsweise, sowie hinsichtlich ihrer Leistungen noch durchaus unausgebildet.

---

[1]) Milchzeitung 1888, Nr. 45.

[2]) Guérin. Revue intern. des falsifications des denrées alimentaires. Bd. 2 S. 51.

[3]) Donné. Die Mikroskopie ꝛc. übersetzt von Gorup Besanez. Erlangen 1846, S. 342 u. f.

Die Elektrizität ist in Form von schwachen Strömen von G. Tolomei[1]) empfohlen worden. Starke Ströme sollen ein Gerinnen der Milch hervorrufen; desgleichen Ozon, welches zur Milchkonservirung für ungeeignet gehalten wird.

Die Benutzung der Centrifugen in den Molkereien ist bekanntlich eine sehr ausgedehnte. Die bisher angestellten Versuche über das Verhalten der Bakterien bei diesem Prozeß ergaben, daß die Bakterien zum größten Theil in den Milchschlamm, aber auch in den Rahm übertreten, allerdings nicht vollständig, so daß eine Reinigung der Milch auf diesem Wege nur unvollkommen möglich ist. Wyß[2]) fand in dem an den Wandungen der Centrifugen abgesetzten Schlamm siebenmal mehr Bakterien, als in der centrifugirten Milch selbst. Auch Bang gab an, daß die Tuberkelbazillen auf diese Weise mit dem Schlamm sich absetzten.

VII. Verfahren, die Milch durch besondere Zusätze haltbar zu machen.

Eine große Zahl derartiger Mittel wird zum Theil unter harmlosen, zum Theil unter sehr volltönenden Namen für die Haltbarmachung der Milch empfohlen. Viele derselben beabsichtigen nur die schlechten Eigenschaften der Milch zu verdecken, andere sollen antiseptisch wirken, d. h. das Wachsthum der Bakterien aufhalten oder dieselben abtödten. Eingehende Untersuchungen über die Wirkung der Mittel auf die Milch und ihre Bakterien giebt es erst seit kurzer Zeit. Wir erwähnen die von Lazarus[3]) im Laboratorium von Flügge ausgeführte Arbeit, aus welcher hervorgeht, daß von den gebräuchlichen Konservirungsmitteln keines zu empfehlen ist, weil sie entweder schädlich für die Gesundheit sind, oder, wo dies nicht der Fall, keinerlei Einwirkung auf die Konservirung der Milch haben. Bei dieser Sachlage glauben wir, auf eine Aufzählung der Mittel verzichten zu können.

VIII. Verfahren, bei denen der Wassergehalt der Milch herabgesetzt wird.

Die Verfahren dieser Gruppe sind nicht nur äußerst zahlreich, sondern auch seit langem im Gebrauch. Ueber den Werth guter Milchkonserven besteht kein Zweifel. Sie haben vor der uneingeengten Dauermilch, wie solche die vorerwähnten Gruppen liefern wollen, den großen Vorzug, daß in ihnen die nährenden Bestandtheile der Milch auf einen kleinen Raum zusammengedrängt sind. Die Konserven sind daher bequemer zu transportiren. Die Entfernung des Wassers ist ferner einer längeren Haltbarkeit günstig und, wenn es im Vakuum bei niederer Temperatur geschieht, so werden die Bestandtheile der Milch nur wenig verändert, obschon durch Auflösen in Wasser die ursprüngliche Milch sich doch nicht wieder herstellen läßt. Bei vielen Verfahren

---

[1]) G. Tolomei. Staz. sperm. agraria italiana, Bd. 18 S. 158. Vierteljahrschr. f. die Fortschritte der Nahrungsmittelchemie, Bd. 5 S. 5.

[2]) Wyß. Ueber den Milchschlamm. Ein Beitrag zur Lehre von den Milchbakterien. Centralblatt f. Bakteriologie und Parasitenkunde, 1889, Bd. 6, S. 587.

[3]) A. Lazarus. Die Wirkungsweise der gebräuchlicheren Mittel z. Konserv. d. Milch. Zeitschr. f. Hygiene 1890, Bd. 8 S. 207.

werden der Milch vor dem Eindampfen gewisse Zusätze, z. B. von Zucker, gemacht. Manche dampfen die Milch zur Hälfte oder auch etwas mehr ein, andere suchen eine möglichst vollkommene Entfernung des Wassers herbeizuführen. Beim Publikum sind diese Konserven beliebt, soweit der ziemlich hohe Preis derselben es zuläßt. Die dickflüssigen Konserven werden nicht selten in Metallbüchsen abgegeben, die festen auch in Staniolverpackung. In beiden Fällen müssen natürlich die gesetzlichen Bestimmungen hinsichtlich des Bleigehaltes der Umhüllungen erfüllt werden. Ueber ungenügende Haltbarkeit der Konserven kann kaum geklagt werden. Bakteriologische Untersuchungen sind nur wenig bekannt geworden. In gewisser Beziehung gehört übrigens auch das an erster Stelle genannte Verfahren von Appert hierher, der die Milch in offenen Gefäßen zur Hälfte oder auf ein Drittel eindampfte und nachher noch in den verschlossenen Flaschen ein bis zwei Stunden lang der Siedehitze im Wasserbade aussetzte.[1]) Mit solchen Appert'schen Milchkonserven wurde nach Fleischmann[2]) 1827 die französische Marine verproviantirt. Ueber die zahlreichen älteren Verfahren,[3]) z. B. von Horsford, Gail Borden, Gallais, de Lignac, Bethel und Mabru, kondensirte Milch herzustellen, vergl. die Angaben von Fleischmann in dem erwähnten Buche.[4]) Mit der Anfertigung von Milchkonserven befassen sich viele große Gewerbebetriebe, von denen wir nur die im Jahre 1866 zu Cham am Zugersee eröffnete Anglo-Swiss-Condensed-Milk-Company, die deutsch-schweizerische Milchextract-Gesellschaft erst zu Vevey, später in Kempten, und die Fabrik von Henri Nestlé in Vevey erwähnen, welche alle einen sehr großen Umsatz erzielen. Die zahllosen Verfahren, welche zur Herstellung von Milchkonserven erfunden sind, unterscheiden sich voneinander meist nur durch die dabei benutzten Apparate. Ein Eingehen auf Einzelheiten erscheint hier überflüssig. Vergl. darüber auch den Abschnitt „Kondensirte und konservirte Milch" in Prof. Kirchner's Handbuch der Milchwirthschaft (Berlin 1886) und die Brochüre von Dr. Gerber „Die natürliche Preservation der Kuhmilch" ꝛc. New-York, 1883 und Horsford, zur Geschichte der kondensirten Milch (Milchzeit. 1877 S. 127).

Bevor wir nun zur Beschreibung unserer eigenen Versuche übergehen, mögen noch einige Bemerkungen über die Milchbakterien eingeflochten werden. Die Milch ist ein guter Nährboden für zahlreiche Bakterienarten. Diese Erkenntniß wird in interessanter Weise ergänzt durch die bekannte Arbeit von Fokker[5]), in der er nachweist, daß die Milch im ungekochten Zustande die Fähigkeit besitzt, gewisse Bakterien am Wachsen zu verhindern. Bekanntlich haben auch das Blut, die lebenden Gewebe, die Lymphe u. s. w. diese Eigenschaft, so daß der Nachweis derselben für die Milch nicht überraschen kann. Die Versuche Fokker's bewiesen, daß Milchsäurebakterien in frischer Ziegenmilch zuerst eine Abnahme und dann eine Zunahme erfuhren. Kurzes Erhitzen konnte der Milch diese Fähigkeit nicht benehmen. Leider ist für die Praxis aus dieser

---

[1]) Bouchardat et Quévenne. Du lait. Paris 1857, Bd. 2 S. 128.

[2]) Fleischmann. Das Molkereiwesen. Braunschweig 1876. l. c.

[3]) Vergl. darüber auch Bouchardat und Quévenne, S. 127 u. f.

[4]) l. c. S. 1032 u. f.

[5]) A. P. Fokker. Ueber die bakterienvernichtenden Eigenschaften d. Milch. Fortschr. d. Med. Bd. 8 S. 4.

interessanten Thatsache kein Vortheil zu ziehen. Die Bakterien vermehren sich vielmehr in der Milch im Allgemeinen sehr schnell, wie dies die Untersuchungen von Cnopf[1]) in München zahlenmäßig beweisen. Er fand, daß in der Milch 5 bis 6 Stunden nach dem Melken schon über 1 Million bis 6 Millionen Keime im ccm waren, und studirte den Einfluß der Temperatur auf die Vermehrung derselben in Milch, die bei 35°, 12,5° und auf Eis gehalten wurde. Die Anzahl der Bakterien stieg nach 6 Stunden bei 35° auf das 3800fache, bei 12,5° auf das 430fache, auf Eis war eine Vermehrung kaum nachweisbar, gedieh aber schließlich im Verlauf mehrerer Tage ebenso weit. Die Säuerung der Milch hielt mit dem Bakterienwachsthum nicht etwa gleichen Schritt.[2]) Schon oben wurde erwähnt, daß die Milch auch bei alkalischer oder amphoterer Reaktion gerinnen kann. Die genannten Autoren bestätigen dies. Warrington[3]) fand, daß die Gerinnung bei höheren Temperaturen schon durch einen geringen Säuregehalt hervorgerufen werden kann, und war der Ansicht, daß ungeformte Fermente theilweise daran schuld seien.

Schmidt-Mühlheim (l. c.) theilt die Bakterien in Rücksicht auf ihr Verhalten zur Milch ein in: 1. säurebildende, 2. Labferment und Pepton bildende, 3. pathogene. Die erste und letzte dieser Gruppen umfassen Bakterien, welche ziemlich leicht unter Anwendung geringer Hitzegrade abgetödtet werden können. In der zweiten Gruppe sind die Bakterien mit widerstandsfähigen Sporen vereinigt. Obschon diese Eintheilung keineswegs für alle Fälle zutrifft, so ist sie für die Praxis der Milchsterilisation doch ganz brauchbar. Nur dürfte sie, wie auch unsere Versuche ergaben, etwas erweitert werden. Vergl. darüber am Schlusse.

Das Verfahren zum Sterilisiren von Milch von Neuhauß, Gronwald und Oehlmann.

Unsere Versuche schlossen sich an dieses Verfahren an. Schon nach vorläufiger Kenntnißnahme desselben war die Vermuthung gerechtfertigt, daß es sich hier um ein Verfahren, bezw. um einen Apparat handelte, welcher die Herstellung von Dauermilch in großen Mengen anstrebte mit Mitteln, denen ein gewisser Erfolg sicher zu sein schien. Das Prinzip des Verfahrens ist, wie erwähnt, das alte, die Milch durch Erhitzen haltbar zu machen. Als Wärmequelle wird mäßig gespannter Dampf benutzt. Die Milch befindet sich in Glasflaschen, welche den allgemein bekannten, sogenannten Patentverschluß haben; der letztere besteht aus einem zweitheiligen, kräftigen, beweglichen Drahtbügel, der durch Niederdrücken einen Porzellanstöpsel mit Gummidichtung in den Flaschenhals preßt. Als wesentlich wird von den Erfindern eine Vorrichtung angesehen, die es ermöglicht, sämmtliche Flaschen mit einem Male nach dem Sterilisiren in dem noch mit Dampf gefüllten Apparate ohne Oeffnen desselben von außen zu schließen. Für das Verständniß des Verfahrens ist es am zweckmäßigsten, an dieser Stelle eine kurze Beschreibung des Apparates einzuschalten. Derselbe besteht, wie die nebenstehende Abbildung zeigt, aus einem nahezu würfelförmigen Metallkasten, dessen oberer Theil als Deckel dient. Die

---

[1]) Cnopf. Quantitative Spaltpilzuntersuchungen in der Kuhmilch. Vortrag auf der 62. Naturforscherversammlung zu Heidelberg. Ref. darüber Centralbl. f. Bakteriologie ꝛc. 1889. Bd. 6 S. 553.

[2]) Vergl. auch Grotenfeld. Studien über die Zersetzung der Milch. Fortschr. d. Med. 1889, No. 4.

[3]) Warrington. Curdlings of milk by microorganismes. The Lancet, 1888, No. 25.

Maße des geschlossenen Apparates sind 1,4 — 1,6 — 1,2 Meter. Er ist aus starken, innen verzinnten Kupferplatten angefertigt, welche doppelwandig angeordnet sind und eine Isolirungsschicht zwischen sich haben. Sein unterer Theil, der zur Aufnahme der Flaschen dient, steht in einem festen Gestell unbeweglich auf dem Boden. Der obere Theil kann auf- und niedergelassen und durch besondere Verschlußhebel in wenigen Handgriffen dampfdicht mit dem unteren Theil verbunden werden. In den Boden des Apparates münden zwei Dampfzuleitungsrohre, von denen das eine in der Mitte des Apparates senkrecht nach oben geht und in einer Düse endigt, die bei geschlossenem Apparate bis dicht unter die Decke reicht, während das andere unmittelbar über dem Boden mit einer Düse abschließt. Ein drittes Rohr im Boden dient zum Austritt für die abgehende Luft, den überschüssigen Dampf und das Kondenswasser. Unmittelbar über der Abzugsöffnung ist eine Thermometerhülse eingelassen, in die dampfdicht ein Thermometer eingesetzt wird. In der Mitte des oberen Theiles ist ein Aufsatz mit einem zweiten Dampfabzugsventil, welches durch Belastung seines Hebels für verschiedenen Druck eingestellt werden kann. In den unteren Theil des Apparates passende Einsätze dienen zur Aufnahme der Flaschen. Zwischen diesen Einsätzen sind Druckstücke angebracht, die durch eine besondere Vorrichtung vermittelst einer Kurbel von außen gehoben und gesenkt werden können und im letzteren Falle durch einen gleichmäßigen Druck auf die Drahttheile des Patentverschlusses der Flaschen dieselben schließen. Der Deckel des Apparates ist an einer Stelle durch eine Tubulatur unterbrochen, in welche, geschützt durch eine siebförmige Metallhülse, ein langes Thermometer eingesenkt wird; das letztere taucht mit seinem Gefäß in eine der gefüllten Flaschen, deren Hals abgeschnitten ist. Es ist auf diese Weise möglich, während des Verlaufes der Sterilisation auch die Temperatur der Milch abzulesen. Etwa 240 Flaschen von je $^1/_3$ Liter Gehalt können in diesem Apparate auf einmal sterilisirt werden. Als Dampfquelle kann ein beliebiger Dampfentwickler dienen, der einen reinen und geruchlosen Dampf von etwa zwei bis vier Atmosphären Spannung liefert. Bei Verwendung höher gespannten Dampfes müßten eventuell Reduzirventile eingeschaltet werden.

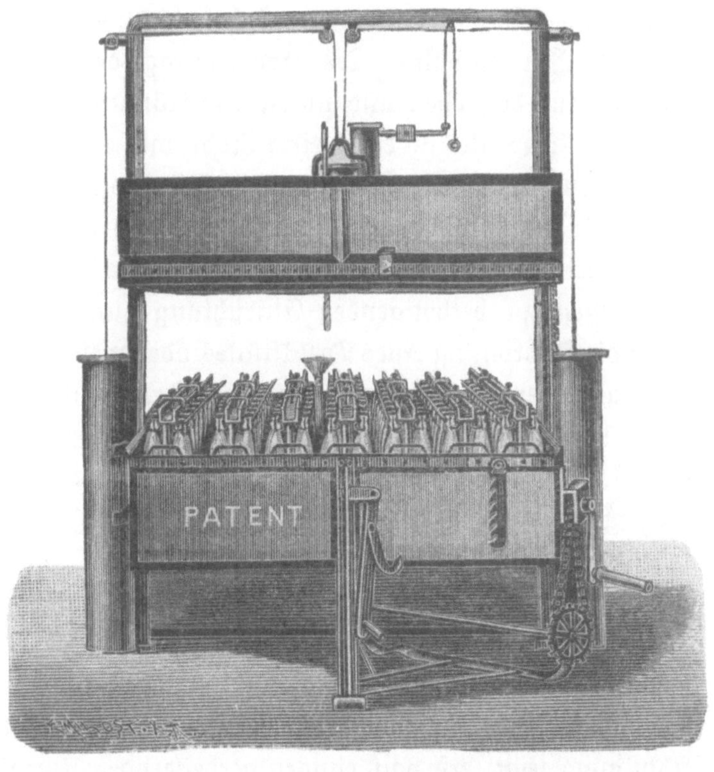

Zahlreiche Versuche hatten den Erfindern des Apparates die Ueberzeugung beigebracht, daß die Milch am sichersten durch mehrmaliges Erwärmen „sterilisirt“

werden könne. Sie unterschieden daher zwischen Vorsterilisation und Hauptsterilisation. Für die erste, bei welcher sie die Milch nicht bis auf 100° erhitzen, haben sie noch einen besonderen Vorwärmeschrank angegeben, der aus einem doppelwandigen, mit Blech ausgeschlagenen Holzschrank besteht und in seinem Innern Fächer zur Aufnahme von Flaschen enthält. Die Erwärmung des Schrankinnern geschieht ebenfalls durch Dampf, für den oben und unten Einströmungsvorrichtungen angebracht sind. In die Decke des Schrankes ist ein weites Rohr mit einer Klappe für den Abzug des Dampfes [1]) eingelassen. Die näheren Angaben über die Konstruktion des Apparates, des Vorwärmeschrankes und deren Handhabung sind aus den Spezial-Broschüren zu ersehen.

Der Wortlaut des Patent-Anspruches ist: Ein Sterilisirungsapparat mit einer von außen zu bethätigenden Einrichtung zum Schließen von Flaschen, gekennzeichnet durch die Anordnung eines Druckstückes oder mehrerer solcher innerhalb des Sterilisirungsapparates derart, daß entweder das Druckstück gegen die Flaschen oder die Flaschen gegen das Druckstück oder beide gegen einander bewegt werden, um ein Verschließen der Flaschen unter Abschluß der atmosphärischen Luft innerhalb des Apparates zu ermöglichen.

Außerdem sind noch einige Geräthschaften zur Ausführung des Verfahrens nöthig, wie die Apparate zum Einfüllen der Milch in die Flaschen, die Reinigungsbürsten für Flaschen und Metalltheile 2c. Die Erfinder haben (l. c.) allgemeine Regeln zusammengestellt, an die man sich bei Benutzung ihres Apparates halten soll. Dieselben sind für das ganze Verfahren von großer Bedeutung. Der Apparat hat die Form, welche unsere Abbildung zeigt, erst nach einigen verbessernden Umgestaltungen erhalten. Diese Verbesserungen, auf deren Entwicklung hier nicht weiter einzugehen ist, bezogen sich auf die Gestalt und Größe (der erste Apparat hatte eine kreisrunde dosenförmige Gestalt), auf die Anordnung des zum Niederdrücken der Flaschenverschlußbügel dienenden Mechanismus, auf die Gestalt der Einsätze und vor allem auch auf die Zuleitung des Dampfes und die Anbringung der Kontrolthermometer. Auf einige der „Vorschriften“ verlohnt es sich näher einzugehen, da sie für jedes Sterilisirungsverfahren von Bedeutung sind. Es wird zunächst ein großer Werth auf die Beschaffenheit der Milch gelegt. Dieselbe soll so frisch und so gut als möglich sein. Es darf keine Milch sterilisirt werden, welche schon mehrere Stunden bei warmer Temperatur gestanden hat. Die große Bedeutung dieser Vorschrift geht auch aus den weiter unten folgenden Versuchen hervor. Wie dieser Forderung zu genügen ist, kann nur von Fall zu Fall beurtheilt und durch Sondervorschriften bestimmt werden. Wenn, wie dies oft vorkommen wird, der Besitzer des Sterilisirapparates die Milch vom Produzenten bezieht, so muß auf den letzteren dahin eingewirkt werden, daß die Milch in möglichst frischem und sauberem Zustande zur Sterilisirung gelangt.

Die Forderung größter Reinlichkeit bezieht sich auch auf alle mit dem Sterilisirgeschäft in Verbindung tretenden Sachen und Personen. Der Raum, in welchem der

[1]) Ueber Verfahren und Apparat siehe: die Patentschrift Nr. 53778, sodann die im Selbstverlag der Erfinder erschienenen Schriften; Verfahren und Apparat zum Sterilisiren von Milch von Neuhauß Gronwald, Oehlmann; Verfahren und Regeln zur Darstellung keimfreier Dauermilch von denselben. Berlin, Zimmerstr. 25.

Apparat aufgestellt ist, muß nach dieser Richtung hin keine Einwände erregen; er muß eine ausreichende Ventilation haben, so daß eine Ansammelung von Wasserdämpfen darin vermieden wird. Für die Aufbewahrung der Flaschen soll ein besonderer Raum vorhanden sein, in dem dieselben lufttrocken auf Gestellen lagern. Die Aufbewahrung im Sterilisirraum ist deshalb unstatthaft, weil ein geringer Dampfaustritt in denselben nicht vermieden werden kann, und dieser Dampf selbst bei geringstem Temperaturwechsel sich auf die Flaschen niederschlagen würde, während es erforderlich ist, daß die Flaschen äußerlich trocken gehalten werden. Die Flaschen selbst sind möglichst von gleicher Beschaffenheit zu wählen; sie dürfen namentlich nicht verschieden hoch sein, weil sonst der gleichzeitige Verschluß beim Sterilisiren nicht möglich ist. Flaschen mit Sprüngen, Blasen und nicht vollkommen kreisrunder Halsöffnung sind ebenfalls auszuschließen. Auch darf das Glas der Flaschen kein allzu weiches sein; eine Abgabe von Alkali an den Inhalt muß vollständig ausgeschlossen sein. Die Verschlußvorrichtungen müssen tadellos und sauber sein. Mit Recht haben die Erfinder daher Vorschriften über die Reinigung dieser Verschlußstücke in ihre Gebrauchsanweisungen aufgenommen. Zunächst soll jede Hand, die mit dem Füllen, Verschließen 2c. der Flaschen zu thun hat, unmittelbar vorher gründlichst mit Seife und Bürste gereinigt sein. Den zum luftdichten Verschluß benöthigten Gummiringen soll ganz besondere Aufmerksamkeit gewidmet werden. Es ist nicht zu leugnen, daß die Anwendung dieses Materials als Verschluß von Milch nicht mit Unrecht von mancher Seite beanstandet wird. Die Bedenken lassen sich indeß bei Beachtung der von den Erfindern des Apparates gegebenen Vorschriften auf ein thunlichst geringes Maß herabdrücken. Die Ringe sollen aus bestem, elastischen Gummi bestehen und vor dem Gebrauch so lange mit Sodalösung ausgekocht sein, daß eine Abgabe von riechenden oder schmeckenden Bestandtheilen nicht mehr erfolgt. Die von uns benutzten Gummiringe zeigten überhaupt keinen Geschmack, und rochen nur beim Erwärmen ganz schwach. Uebrigens kommt die Milch selbst nur mit einem linienförmigen Streifen Gummi in Berührung, dessen Hauptmasse den Raum zwischen dem Porzellanknopf und der Flasche luftdicht ausfüllt. Alte Gummiringe sind zu verwerfen, und nach jeder Benutzung müssen die noch brauchbaren mit Sodawasser ausgekocht, abgespült und an einem staubfreien Orte getrocknet werden. Für die Flaschen sind besondere Reinigungsapparate unumgänglich, auf deren Beschreibung hier verzichtet werden kann. Die von jedem anhängenden Milchrest sicher befreiten Flaschen (wie wichtig diese Reinigung ist, darüber vergl. die Versuche) müssen vor der Füllung mit Milch sterilisirt werden. Dies geschieht nach vorherigem Abziehen der Gummiringe zusammen mit diesen, die dazu am besten in einem reinem Metallsieb aufbewahrt werden, im Vorwärmeschrank oder im Sterilisirapparat selbst, durch strömenden Dampf von 100° C. Für große Betriebe wird es sich vielleicht empfehlen, auch dafür eine besondere Einrichtung zu schaffen. Die im Dampfstrom behandelten Flaschen werden alsdann nach Aufstreifung der Gummiringe (reine Hände!) mit Milch gefüllt, was unter Anwendung der Flaschenfüllapparate schnell von Statten geht. Die Flaschen mit der Milch werden darauf der sogenannten Vorsterilisation unterzogen. Es geschieht dies bei lose aufliegenden Verschlüssen entweder in dem besonderen Schrank oder auch im Sterilisirapparat. Die Vorsterilisation bezweckt die leichter abzutödtenden aprophytischen Keime — also den größten Theil der zur ersten Gruppe Schmidt-Mühlheims gehörenden Bakterien, zu beseitigen. Es soll dies nach den Erfahrungen der Erfinder in einer für die Praxis ausreichenden Weise durch etwa halbstündiges Erwärmen auf 80 bis 95° gelingen. Höher soll die Temperatur nicht gebracht werden. Die Flaschen kühlen alsdann im Schrank oder auch im eigentlichen Apparat langsam ab. Dabei durchläuft ihr Inhalt diejenigen Temperaturen, welche für das Auskeimen („Vorkeimen") der schwer abzutödtenden Bakterienkeime von Vortheil sind. Nach Ansicht der Erfinder sollen dann dieselben bei der nächstfolgenden Erhitzung, die entweder eine zweite „Vorsterilisation" oder gleich die Hauptsterilisation ist, in einem Zustande sich befinden, der es leichter ermöglicht, sie abzutödten, eventuell soll der Vorgang des öfteren wiederholt werden. Die theoretische Berechtigung dieses Gedankenganges muß zugegeben werden. Behufs Aufstellung genauer Zeit- und Temperaturangaben für diesen Theil des Verfahrens würde es indeß erforderlich sein, im Einzelnen zu untersuchen, welches die Lebensbedingungen der in Frage kommenden Mikroorganismen sind. Unsere Versuche bestätigen, daß an dieser Stelle eine Lücke besteht, welche durch mühsame bakteriologische Arbeiten auszufüllen sein wird; zur Vornahme derselben mangelte uns vor der Hand die Zeit. So richtig daher auch die Idee des „Vorsterilisirens" und des „Vorkeimens" an sich ist, um so weniger wird es uns wundern, wenn wir aus unseren Versuchen den Schluß ziehen müssen, daß der exakte, wissenschaftliche Beweis für den geschilderten Zusammenhang noch aussteht. Die Erfahrung hat die Erfinder zu der Vorschrift geführt, sich auf eine, höchstens zwei Vorsterilisationen zu beschränken, und die Hauptsterilisation im ersten Falle an dem gleichen, im zweiten am nächsten Tage folgen zu lassen. Es liegt im Interesse des Verfahrens, dasselbe möglichst abzukürzen; denn es wird dadurch billiger und auch sicherer hinsichtlich der Handhabung durch das Personal. Jedoch darf durch die Abkürzung nicht die Zuverlässigkeit des Ergebnisses Einbuße erleiden.

Die Hauptsterilisation unterscheidet sich von der Vorsterilisation namentlich dadurch, daß die Erhitzung etwas höher getrieben wird, und zwar bis auf 102° C, und daß alsdann die Flaschen im Apparate verschlossen werden. In der letzten Zeit haben die Erfinder zum Theil auf Grund unserer Erwägungen, noch ein Moment eingeschaltet, welches zum Mindesten beachtenswerth ist. Es ist das sogenannte „Aufkochen" der Milch unmittelbar vor dem Niederdrücken der Verschlußstücke. Durch rasch vorübergehende Erniedrigung des Dampfdruckes im Innern des Apparates wird ein schnelles, kurz andauerndes Aufkochen der Milch hervorgerufen. Es ist leicht, das richtige Maß bei einiger Uebung hierbei innezuhalten. Die Vortheile dieser Vornahme sind folgende: zunächst werden durch die Herabsetzung des Druckes die in der Milch noch vorhandenen Gase weiter ausgetrieben, ja durch den beim Aufkochen sich bildenden Wasserdampf gewissermaßen ausgewaschen. Daß dabei der im leeren Theile der Flasche befindliche Luftrest ebenfalls entfernt wird, sei erwähnt. Dieser Umstand ermöglicht es, die fertige Milch nach einer gewissen Richtung hin auf ihre Güte zu prüfen. Die Flaschen liefern nämlich, sofern der nicht mit Milch gefüllte Raum luftleer ist, oder wenigstens stark verdünnte Luft enthält, beim schnellen Abwärtsstoßen der umgekehrten Flasche, oder beim Anschlagen mit der Hand auf den nach oben gerichteten Flaschenboden das bekannte

Geräusch und Gefühl des Aufschlagens einer Flüssigkeit an eine Glaswand, welches als ein scharfer, kurzer Knall bezeichnet werden kann. Sobald der luftverdünnte Raum in der Flasche im Verlaufe der Aufbewahrung, sei es durch innere oder durch äußere Ursachen verschwindet, kann dies Knallphänomen nicht mehr hervorgerufen werden. Solche Flaschen dürften beanstandet werden. Natürlich ist nicht gesagt, daß bei erhaltenem Knallphänomen der Inhalt der Flasche unbedingt gut sein muß, da die ganze Erscheinung für die Beurtheilung der Milch doch nur einen untergeordneten Werth hat. Die Entfernung der Gase aus der Milch erhöht die Haltbarkeit derselben ohne Zweifel. Wir schreiben es insbesondere dem Herabsetzen des Sauerstoffgehaltes zu, daß manche Bakterien, deren Keime, wie wir sehen werden, trotz aller Vor- und Hauptsterilisation in der Milch dennoch in lebensfähigem Zustande zurückbleiben, am Auskeimen verhindert, bezw. darin derartig verlangsamt werden, daß die Haltbarkeit der Milch in ausreichender Weise gesichert erscheint. Vielleicht gehen auch gewisse, manchmal vorkommende, riechende Stoffe fort, deren Entfernung von Vortheil ist. Das Aufkochen hat aber auch noch einen andern Werth. Die aufwallende Milch benetzt den leeren Theil der Flasche und die untere Fläche des Verschlusses; ein kleiner Theil tritt zuweilen auch aus. Dadurch wird verhütet, daß etwaige, an diesen Stellen befindliche Keime eintrocknen und trockener Hitze ausgesetzt werden. Die heiße Milch von 102° wird im Stande sein, die Keimfähigkeit solcher Partikelchen herabzusetzen oder zu vernichten. Allzu große Hoffnungen darf man indeß auf diesen Punkt nicht setzen; aus einigen, eigens für die Beobachtung dieser Verhältnisse angestellten Versuchen ging vielmehr hervor, daß widerstandsfähige Sporen, die an den Flaschenhals angetrocknet waren, doch nicht abgetödtet werden konnten. Auch muß erwähnt werden, daß durch das Aufkochen die Milch für das Wachsthum von Anaëroben günstiger wird, obschon wir, wie folgen wird, keine dieser Arten vorfanden. Unmittelbar nach dem Aufkochen werden die Flaschen durch Niederkurbelung der Druckstücke von außen geschlossen. Die Erfinder legen auf diesen Theil, wie wir glauben mit Recht, großen Werth. Zunächst sei erwähnt, daß das Aufkochen durch die Benutzung des Verschlusses im Dampfe sehr erleichtert wird. Sodann können die heißen Flaschen mit der unbeschützten Hand schwer geschlossen werden, ganz abgesehen von den Gefahren, welche durch Verunreinigungen von außen im letzteren Falle drohen. Läßt man die Flaschen, bevor man sie verschließt, abkühlen, so verliert man Zeit, und die kühle Milch hat Gelegenheit, wieder Gase aufzunehmen. Außerdem geschieht in dem Apparat der Verschluß sämmtlicher Flaschen der ganzen Beschickung spielend, ein Umstand, der sehr für die Handlichkeit des Verfahrens spricht.

Nach dem Vorangeschickten kann die Beschreibung des Verfahrens selbst nunmehr sehr kurz sein.

Die von der Vorsterilisation herrührenden Flaschen werden so in die Einsätze des Apparates gestellt, daß die Verschlußbügel von je zwei Flaschenreihen sich gegenüberstehen, die Porzellanverschlüsse mit den Gummiringen auf den Flaschenhälsen lose aufliegen, und die Flaschen gleichmäßig ausgerichtet sind. Alsdann werden die horizontalen Druckstücke zwischen je zwei Flaschenreihen so eingelegt, daß die Verschlußbügel von beiden Seiten her unterhalb der Druckstücke noch einen Zwischenraum von einigen mm haben. Die Verbindung der horizontalen Druckstangen mit den senkrechten Theilen erfolgt durch Einschiebung von Keilen, die festgeschraubt werden. Der Apparat wird nun geschlossen. Beim Herablassen des Deckels ist darauf zu achten, daß das früher erwähnte Thermometer in die dafür bestimmte Flasche hineintaucht. Wenige Handgriffe bewirken dampfdichte Verbindung zwischen oberem und unterem Theil des Apparates. Nachdem der Hahn des am Boden befindlichen Abflußrohres geöffnet und auch das im unteren Dampfzuleitungsrohr befindliche Kondenswasser durch vorübergehende Oeffnung des betreffenden Ventiles entfernt worden ist, wird das Ventil des oberen Dampfzulasses langsam aufgedreht. Der einströmende Dampf, welcher eine Spannung von nicht mehr als $1^1/_2$ Atmosphären haben soll, verdrängt ziemlich schnell die Luft aus dem Apparat, und nach kurzer Zeit, besonders wenn derselbe vorher schon angewärmt war, tritt aus dem Abflußrohr unten reiner Dampf aus. Das untere Thermometer zeigt alsdann 100°C. Sobald dieser Wärmegrad festgestellt ist, öffnet man das Dampfzuleitungsventil zur unteren Düse und schließt sowohl die Zuleitung zur oberen Düse, als auch das Ventil des Abflußrohres. Der Apparat, dessen Inhalt bis dahin dem Einfluße des strömenden Dampfes ausgesetzt gewesen war, wird dadurch in einen geschlossenen Sterilisator verwandelt, in welchem mit gespanntem ruhenden Dampf gearbeitet wird. Die Dampfspannung soll jedoch unter keinen Umständen höher getrieben werden, als einem Wärmegrad von 102°C entspricht. Damit dies geschieht, ist das erwähnte, in der Mitte des Deckels befindliche Abzugsventil vorher empirisch genau auf diesen Wärmegrad einzustellen, was durch Verschieben eines Laufgewichtes bekanntlich keine Schwierigkeiten bietet. Das Ventil muß so empfindlich sein, daß es beim Uebersteigen dieses Druckes sofort abbläst. Zur Entfernung des Dampfes dient ein nach außen führendes Rohr. Bald nach dem Schluß der Ventile steigt auch das Quecksilber in dem Thermometer, welches in die Probeflasche eintaucht, und erreicht nach kurzer Zeit den Stand von 100°. Ist dies erfolgt, so läßt man den Dampf noch weitere 25 bis 30 Minuten einwirken. Während dieser Zeit steigen beide Thermometer, und zwar fast gleichzeitig, auf 102°C. Nach Ablauf der 25 Minuten erfolgt nun das schon erwähnte Aufkochen; ein Arbeiter beobachtet den Stand des Quecksilbers des in die Probeflasche tauchenden Thermometers und ergreift gleichzeitig eine zur Lüftung des Abblaseventils bestimmte Schnur, die er vorsichtig anzieht. Sofort findet ein Entweichen des gespannten Dampfes statt und wenige Augenblicke danach sinkt das Quecksilber. Sobald dies erfolgt, wird durch Nachlassen der Schnur das Abblaseventil wieder geschlossen. In demselben Augenblick wird die am Apparat befindliche Kurbel bis zur Arretirung langsam so gedreht, daß sich die Druckstücke abwärts bewegen und den Verschluß der Flaschen bewirken. Man hört dabei deutlich das Auffallen der Verschlußbügel auf die Flaschen. Es ist zweckmäßig, während der Sterilisation auch die Dampfentwickelung im Kessel zu beobachten und nöthigenfalls zu reguliren; bei größeren Anlagen kann solches durch eingeschaltete Reduzirventile erleichtert werden. Der zuströmende Dampf soll höchstens eine Spannung von $1^1/_2$ Atmosphären haben und in solcher Menge zugelassen werden, daß das Abblaseventil des Apparates stets etwas Dampf ausläßt. Der Inhalt des Apparates befindet sich auf diese Weise unter dem Einflusse von langsam strömendem, mäßig gespanntem Dampfe. Den physikalischen Gesetzen entsprechend, würde es zweckmäßiger sein, während der ganzen Dauer der Sterilisation den Dampf oben einzuleiten und das Abblaseventil unten anzubringen. Bei der Anwendung des Neuhauß-Gronwald-Oehlmann'schen Apparates ist aber die Einleitung des Dampfes von unten, während des递haupttheiles der Sterilisation besser. Beim Eintritt des gespannten Dampfes von oben würden die Flaschenhälse zu stark erwärmt werden, so daß die daran befindlichen Milchreste leicht anbrennen können. Uebrigens sind die Ausströmungsdüsen so eingerichtet, daß der Dampf die Flaschen nicht direkt trifft, und auch etwaiges Kondenswasser dieselben nicht bespritzen kann. Selbstverständlich darf der Apparat nur mit vollkommen geruchlosem und reinem Dampfe beschickt werden; deshalb soll als Speisewasser für den Dampfentwickler nur reines Wasser benutzt werden. Wir bedienten uns eines sehr zweckmäßigen, vollkommen gefahrlosen und leicht zu handhabenden Röhrenkessels.

Während der Sterilisation ist, wie erwähnt, die Dampfzuleitung so zu reguliren, daß der Dampf stets etwas abbläst. Ein zu starkes Abblasen schadet weniger, als das Auftreten von großen Druckschwankungen. Durch letztere kann ein Theil des Inhalts der Flaschen in Folge vorzeitigen, unbeabsichtigten Aufkochens verloren gehen. Stärker gespannter Dampf ist nicht zu brauchen, weil er die Milch zu sehr verändert. Vielmehr ist der Wärmegrad von 102°C das äußerste Zugeständniß, welches man nach dieser Richtung hin machen darf. Mit Recht ist von vielen Seiten gerügt worden, daß die hohen Wärmegrade die Milch in ihrer Zusammensetzung nicht unwesentlich verändern. Nach Farbe, Geruch und Geschmack darf sich die „sterilisirte" Milch von der frischen nicht mehr entfernen, als im Interesse ihrer Haltbarkeit unvermeidlich ist. Die Temperatur von 102° ist zur Abtödtung zahlreicher Keime ausreichend und nach den darüber vorliegenden Untersuchungen, von denen wir die von Globig und Esmarch erwähnen, im Stande, auch manche Dauerformen zu vernichten. Die von den Erfindern des Apparates, ursprünglich gehegte Hoffnung, daß es gelingen werde, alle Keime, auch die widerstandsfähigsten damit zu vernichten, hat sich freilich nicht vollkommen erfüllt, obgleich die Versuche ergeben haben, daß die Milch durch das Verfahren in vielen Fällen wirklich keimfrei wurde. Vollständige Keimfreiheit unter allen Umständen zu erreichen ist schwierig, und dabei nicht einmal nöthig.

An dieser Stelle kann die Frage aufgeworfen werden, warum denn überhaupt nach vorangegangener Vorsterilisation und Einschaltung einer (vielleicht) genügenden Auskeimungsfrist die Erwärmung auf 102° noch nöthig ist. Wie erwähnt, haben nicht wissenschaftliche Erfahrungen, sondern die Praxis zur Beibehaltung der Vor- und Hauptsterilisation geführt. Würden alle Sporen in gewünschter Weise auskeimen, so könnte man die hohe Temperatur gänzlich umgehen. Thatsächlich thun die Sporen dies nun nicht. Die Aufklärung dieser Vorgänge kann nur durch ein mühsames, biologisches Studium der betreffenden Bakterien erfolgen, wobei auch die Anaëroben gebührend Berücksichtigung finden müßten. Leider fehlte uns die Zeit, um diese Lücke unserer Arbeit, die wir selbst lebhaft bedauern, auszufüllen.

Eigene Versuche.

Die Versuche erstrecken sich auf die Zeit von Mitte März 1890 bis Ende Januar 1891. Zu den im Frühjahre und im Sommer 1890 angestellten Versuchen hatten uns die Herren Neuhauß-Gronwald-Oehlmann die in ihrem Versuchsraum befindlichen älteren Apparate zur Verfügung gestellt. Ueber diese ersten Versuche braucht nur kurz berichtet zu werden; das Verfahren, welches oben näher beschrieben ist und den letzten Versuchen zu Grunde gelegt wurde, konnte erst nach Fertigstellung eines mit den neuesten Verbesserungen versehenen Apparates ausgeführt werden. Dieser wurde weiterhin während der mit dem X. internationalen medizinischen Kongreß in Berlin verbundenen Ausstellung vorgeführt, sodaß die Aufstellung und Montirung im Versuchslokal erst nach Schluß der Ausstellung erfolgte. Außerdem hatte sich der für die ersten Apparate benutzte Dampfentwickler als nicht ergiebig genug erwiesen, sodaß auch ein neuer Röhrenkessel aufgestellt werden mußte. Die Folge davon war eine beinahe 2 Monate lange Unterbrechung der Versuche, welche erst im Oktober wieder aufgenommen wurden. Mit den alten Apparaten wurden 5, mit den verbesserten 22 Versuche angestellt, von denen jeder wieder der Ausgangspunkt einer oft großen Anzahl von Einzelversuchen war. Die zum Theil recht interessanten Befunde, welche gelegentlich der Versuche zu Tage traten, konnten leider nur sehr unvollkommen verfolgt werden. Es gilt dies insbesondere von den bakteriologischen Ergebnissen. Die uns gestellte Aufgabe, ein allgemeines Urtheil über die Brauchbarkeit des Verfahrens für die Herstellung von Dauermilch zum Großbetrieb abzugeben, konnte indeß auch ohne solche weitere Ausführungen im bejahenden Sinne gelöst werden. Unsere Erfahrungen über den Sommerbetrieb, der bekanntlich die Hauptschwierigkeiten bietet, beziehen sich zwar nur auf den älteren Apparat. Es ist aber anzunehmen, daß der neue, verbesserte Apparat diese Schwierigkeiten wahrscheinlich sicherer überwindet, als dies der alte nach unseren Versuchen gethan hat.

Allgemeiner Gang der Versuche.

Zunächst haben wir absichtlich in der Auswahl des Rohmaterials gewechselt. Für einen Theil der Versuche wurde eine im Allgemeinen als gut zu bezeichnende Milch aus Nauen bei Berlin benutzt, welche in den üblichen großen Kannen in das Versuchslokal geschafft war. Diese Milch war allen den Zwischenfällen ausgesetzt gewesen, welche solcher von außerhalb auf Wagen in die Stadt gebrachten Milch zu drohen pflegen. Für andere Versuche ließen wir uns aus einer Molkerei, die in unmittelbarer Nähe des Versuchslokals in der Stadt selbst gelegen ist, die erforderliche Milchmenge meist kurz vor Anstellung des Versuches frisch holen. Es wurde auch probeweise Milch aus dem Stalle dieser Molkerei selbst entnommen. Zu diesem Zweck wurde die betreffende Kuh ins Freie geführt, gereinigt und in sterile Gefäße abgemolken. Wie zu erwarten, war die erhaltene Milch doch mit Bakterien verunreinigt, so daß auf diese Art der Entnahme verzichtet wurde. Immerhin konnte die aus der nahen Molkerei bezogene Milch als eine frischere bezeichnet werden. Die großen Unterschiede für den Ausfall der Sterilisation, welche die mehr oder weniger große Frische der Milch bedingte, traten auch in unsern Versuchen deutlich zu Tage. Einige Male konnte auch sogenannte Rieselgrasmilch benutzt werden, die, wie man weiß, ganz besonders schwierig zu sterilisiren ist. Auch unterließen wir es nicht, mit Reinkulturen der verschiedenen Krankheitserreger, soweit dies möglich, einige Versuche anzustellen. Bei der Tuberkulose begnügten wir uns auch damit noch nicht, sondern infizirten die Milch mit feinzerriebenen Organen von tuberkulösen Rindern, welche dem hiesigen Schlachthaus entstammten. Die Untersuchungen von Bollinger, Schmidt-Mühlheim und Anderen haben uns bekanntlich über die Tuberkulosegefahr der Milch bereits aufgeklärt. Die wenigen Versuche, welche wir anstellten, bewiesen uns unzweideutig, daß die Tuberkelbacillen schon bei der Vorsterilisation zu Grunde gingen, wie solches auch von der Mehrzahl der anderen Krankheitserreger galt, und in Rücksicht auf die bei der Vorsterilisation erreichte Temperatur gemäß den vorliegenden Erfahrungen von vornherein zu erwarten war. Großen Werth legten wir darauf, daß die Reinigung der Flaschen, ihre Füllung mit Milch, sowie die Vor- und Hauptsterilisation in unserer Gegenwart stattfanden; bei den meisten Versuchen haben wir die betreffenden Manipulationen selbst verrichtet. Die Ablesung der Thermometer besorgten wir ebenfalls selbst. Unsere Beobachtungen, unter welchen die zahlreichen bakteriologischen Untersuchungen an erster Stelle erwähnt zu werden verdienen, dehnten wir indeß auch auf Flaschen aus, die nicht von uns, sondern von dem Personal der Herren Neuhauß-Gronwald-Oehlmann, ohne unsere Aufsicht sterilisirt worden waren. Schließlich konnten wir auch noch Milchproben, die uns von außerhalb zugingen, berücksichtigen, da das Verfahren inzwischen an mehreren Orten bereits eingeführt worden war und diese, von fremder Hand angefertigten Konserven für die Beurtheilung der Zuverlässigkeit des Verfahrens bezw. seiner Anwendbarkeit und Brauchbarkeit für den Großbetrieb, von besonderem Werth sein mußten. Bei den ersten Versuchen hatten wir uns verleiten lassen, die Anzahl der Flaschen, die wir zur Beobachtung entnahmen, nur ziemlich gering zu bemessen. Es geschah dies in der gewiß verzeihlichen Annahme, daß etwa 5 oder 10 Flaschen ausreichen würden, einen Schluß auf die übrigen Flaschen derselben Apparatfüllung (etwa 240 im Ganzen) zu machen. Es zeigte sich später, daß das Verhalten der Flaschen keineswegs ein so gleichmäßiges war, als wir erwartet hatten. Wir ließen uns daher bei den nachfolgenden Versuchen meist sämmtliche Flaschen ins Laboratorium schaffen, mindestens aber 100 bis 200 Stück und nahmen, da es nicht gut möglich war, diese große Anzahl einer bakteriologischen Untersuchung zu unterziehen, Stichproben, welche in 1 bis 4 beliebig herausgegriffenen Serien von etwa 10 Flaschen bestanden. Soweit als möglich wurde der Inhalt der Flaschen auch mit Lackmus geprüft; in einem Versuch haben wir die Säuremenge titrirt.

Die in das Laboratorium geschafften Flaschen wurden in geheizten durchschnittlich etwa 12 ° C warmen Räumen absichtlich längere Zeit aufbewahrt und beobachtet. Die von vielen Seiten getheilte Voraussetzung, daß Milch, welche sich unter diesen Bedingungen anscheinend unverändert hält, keimfrei sei, mußte auf ihre Zulässigkeit geprüft werden. Bei der bakteriologischen Untersuchung waren gewisse Schwierigkeiten zu überwinden, von denen wir die wichtigsten wenigstens andeuten wollen. Die einfache mikroskopische Untersuchung der Milch kann, wie man weiß, keinen großen Werth beanspruchen. Wir waren auf das Kulturverfahren angewiesen, dem an geeigneter Stelle das Thierexperiment zur Seite trat. In der ersten Zeit arbeiteten wir mit der gewöhnlichen Nährgelatine, weiterhin berücksichtigten wir aber auch diejenigen Bakterien, welche in der gewöhnlichen Gelatine bei den Temperaturen, in denen diese gehalten werden kann, nicht oder nur sehr schlecht wachsen; denn grade unter diesen befinden sich solche, welche die so schwierig durch die Sterilisation zu tödtenden Dauerformen bilden. In einigen Fällen wurde das Verfahren, die Milch in Agar auszusäen und die Aussaaten bei 36,5 ° zu bebrüten, auch dahin erweitert, daß wir durch Kulturen in hohen Schichten und unter Anwendung von ameisensaurem Natron nach der Angabe von Weyl und Kitasato auf Anaëroben fahndeten, allerdings, wie wir gleich hier erwähnen wollen, mit negativem Erfolg. Wir fertigten für gewöhnlich von jeder Flasche mehrere Plattenaussaaten an und nahmen meist 1,0 oder 0,5 ccm und 2—4 Tropfen, so daß eine Serie von mehreren Platten angelegt wurde. In besonders wichtigen Fällen wurde das Ganze wiederholt. Mehr als 1 ccm Milch darf man für eine Platte nicht benutzen, weil es sonst nicht möglich ist, die Kolonieen mit Sicherheit zu beobachten. Die Aussaaten kamen in die Petri'schen Schälchen; dabei ist es für die längere Beobachtung der Kulturen unerläßlich, Schälchen mit dem ursprünglich angegebenen hohen Rande, und dem genügend weit überfallenden Deckel anzuwenden. Die Menge des ausgegossenen Agars muß mindestens 8 ccm, besser etwas mehr betragen, weil sonst eine längere Beobachtung durch vorzeitiges Eintrocknen, und in den leider vielfach verbreiteten niedrigen Doppelschalen, durch Pilzeinsaat aus der Luft vereitelt wird. Die Kleinheit der Milchprobe, welche selbst im günstigsten Falle zur Aussaat gelangen kann, beeinträchtigt in gewissem Sinne den Werth der Versuche, wenn dieselben nicht, wie leider nicht immer angängig war, jedesmal in größerer Zahl nebeneinander ausgeführt werden können. Ueberdies ist es schwer, den Inhalt der Flaschen ganz gleichmäßig zu mischen. Die auf den Agarplatten gefundenen Bakterien wachsen vielleicht in der Milch unter den obwaltenden Umständen sehr schlecht; auch muß die Möglichkeit zugegeben werden, daß in der Milch Bakterien vorhanden waren, die durch die Agarkultur nicht aufgefunden wurden.

Um daher einigermaßen die Gleichheit zwischen makroskopischer Beobachtung der Flaschen und dem Kulturversuch herzustellen, brachten wir die Flaschen in den Brutschrank und hielten sie dort mehrere Tage bei 30°, 33°, und 36,5°. Es zeigte sich, daß im Brutschrank viele Flaschen „umschlugen“, welche bei Zimmerwärme sich anscheinend ganz unverändert gehalten hatten, und die man für den praktischen Gebrauch zweifellos als gut und genießbar hätte bezeichnen müssen. Dies auffällige Verhalten fanden wir nicht etwa nur bei solchen Flaschen, die wir erst kurze Zeit beobachtet, sondern auch bei solchen, welche sich Wochen und Monate lang im Zimmer gut gehalten hatten. Das Umschlagen erfolgte bald schnell, bald langsam, in einigen Fällen erst bei höherer, in anderen schon bei niederer Bruttemperatur. Die Erscheinungen, welche wir im Brutschrank beobachteten, beschränkten sich aber nicht nur auf ein einfaches „Umschlagen“, sondern in einigen seltenen Fällen entwickelte sich in den Flaschen so viel Gas, daß der Verschluß gelüftet wurde und ein Theil des Flascheninhaltes in den Brutschrank ausgetreten war. Diese Erscheinung fanden wir jedoch nicht bei denjenigen Konserven, die sich schon längere Zeit als bei Zimmertemperatur haltbar ausgewiesen hatten, sondern es waren stets Fälle, in denen wir im Voraus die Vermuthung hegten, daß die „Sterilisirung“ nicht gelungen sei. Die in den Flaschen befindlichen Bakterienkeime befanden sich zwar hinsichtlich der Temperatur unter gleichen Bedingungen, wie die Schälchenaussaaten; es fehlte ihnen aber der ungehinderte Luftzutritt. Man hätte daher nicht überrascht sein können, wenn in den Flaschen anaërobe Keime angegangen wären, worauf die schon erwähnte Gasentwicklung auch hindeutete, wogegen die Platten ganz andere, und zwar aërobe Arten zum Vorschein brachten. Auch darüber können nur ausgedehnte Versuche Auskunft geben. In den wenigen, welche wir anstellten, fanden wir sowohl vor wie nach der Bebrütung in den Flaschen die gleichen aëroben Arten. Die Mehrzahl der im Brutschrank umgeschlagenen Flaschen lieferte auch noch das früher erwähnte „Knallphänomen", was bewies, daß die in den Flaschen ausgekeimten Bakterien keine Gasbildner waren, wenigstens nicht unter den Versuchsbedingungen. Die umgeschlagenen Flaschen wurden, soweit es ging, vermittelst Agarplatten untersucht. Da wir in allen Fällen aërobe Bakterien fanden, die hinsichtlich der überraschenden Schnelligkeit in der Sporenbildung gewisse gemeinsame Eigenschaften zeigten, konnten wir die von anderer Seite aufgestellte Behauptung, daß die Milch auch ohne Anwesenheit von Bakterien umschlägt, nicht bestätigen. Bei Untersuchung des Flascheninhaltes mit Lackmus fanden wir häufig eine schwach saure, in vielen Fällen aber eine deutlich amphotere, niemals dagegen eine alkalische Reaktion.[1]) Die Bakterien, welche die Veränderungen der Milch hervorgerufen hatten, gehörten also nicht zur Gruppe der eigentlichen Säurebildenden, wobei wir die Berechtigung, eine solche Gruppe andern Gruppen gegenüberzustellen, nicht weiter erörtern wollen.

Eine Anzahl der Versuche wurde, wie schon erwähnt, mit Milch angestellt, die vorher absichtlich mit Bakterien oder Sporen versetzt war. In einem Versuch hatten wir das sporenhaltige Material an den Hals und die Wände der Flaschen angetrocknet. Wir wählten für die Infizirung der Milch mit Keimen neben den Reinkulturen von Milzbrand, Cholera, Typhus, Diphtherie, Tuberkulose, von verschiedenen Eiterkokken, des Erysipels, den Bakterien des grünen Eiters, der blauen Milch, der Milchsäure, der Buttersäure, auch Kulturen und vor allem Sporen der Heubazillen und der sogenannten Kartoffelbazillen. Von den letzteren beiden Gruppen wurden verschiedene Arten benutzt. Einige zur Gruppe der Heubazillen gehörige Arten, die recht widerstandsfähige Sporen bildeten, hatten wir im Sommer aus der Milch selbst isolirt; von drei Kartoffelbazillenarten, die zur Verwendung kamen, war die eine der bacillus mesenterious vulgatus, die anderen beiden waren von unvollständig sterilisirten Kartoffeln gewonnen. Vom Milzbrand kamen 2 Sorten zur Verwendung; die eine war seit mehreren Jahren im Amte fortgezüchtet und von Zeit zu Zeit durch Thierversuche auf ihre Virulenz geprüft worden; die andere, welche besonders widerstandsfähige Sporen bildete, war vor Kurzem[2]) aus einem ausgegrabenen Milzbrandkadaver gewonnen worden. Auffallenderweise gingen die Sporen der ersterwähnten Sorte in einigen Versuchen schon bei der Vorsterilisation zu Grunde; allerdings war die Temperatur in diesen Fällen bis auf annähernd 100° gegangen. In einigen Fällen konnten die Infektionsversuche mit wirklich steriler Milch ausgeführt werden, für gewöhnlich durfte es aber unterbleiben. Die Versuche im Kleinen, wie solche von Andern schon vielfach gemacht worden sind, zu wiederholen, hatte wenig Zweck.

[1]) Alkalische Milch (z. B. von altmelkenden Kühen) kam nicht zur Verwendung.

[2]) Vergl. Arbeiten a. d. Kaiserl. Gesundheitsamte Bd. VII S. 10.

Bei vielen Versuchen wurde die Milch unmittelbar vor der Behandlung im Apparate mit dem betreffenden Material versetzt. In einigen Fällen mußten die Flaschen schon früher im Laboratorium vorbereitet werden. An Kontrolversuchen fehlte es nicht.

Bei einigen Versuchen wurden über die Temperaturverhältnisse, die beim Neuhauß-Gronwald-Oehlmann'schen Verfahren stattfinden, besondere Beobachtungen unternommen. Die Temperatur wurde, wie bei jedem Versuch, zunächst an der Mündung des Abzugsrohres für den Dampf, und an dem in der Probeflasche steckenden, nach außen ragenden Thermometer verfolgt. Außerdem wurden in andere Flaschen und an verschiedene sonstige Stellen des Apparates frisch geaichte Maximalthermometer vertheilt (8 bis 10 Stück).

Wir lassen nunmehr in Kürze Beschreibungen der wichtigsten unserer Versuche folgen.

Versuche mit einem alten Apparate.

Die ersten mit dem noch unvollkommenen Apparate ausgeführten Versuche wurden im März 1890 begonnen. Bei denselben beabsichtigten wir, womöglich den Einfluß des Verfahrens auf den Keimgehalt der Milch durch Zählung festzustellen. Für diesen Zweck wurde sowohl frische Milch, als auch solche, die mit Reinkulturen versetzt war, dem Verfahren unterzogen. Vorher und nachher wurden abgemessene Mengen der Milch in gewöhnliche Nährgelatine ausgesät und bei Zimmertemperatur längere Zeit beobachtet. Die Aussaaten waren von Milchproben, die nur die Vorsterilisation und von solchen, die auch noch die Hauptsterilisation durchgemacht hatten, entnommen. Es zeigte sich bei mehreren Versuchen leider die Unausführbarkeit exakter Zählungen in genügend großem Maßstabe. Die für die Untersuchungen aus der Füllung des Apparates ausgewählten Flaschen waren von denjenigen Stellen entnommen, an denen voraussichtlich die Bedingungen zur Abtödtung der Keime am ungünstigsten waren, also die Eckflaschen, und die in der Mitte an den Seitenwänden stehenden. Die zur Infektion der Milch benutzten Kulturen waren die vorerwähnten pathogenen Bakterienarten und die Organismen der blauen Milch, des grünen Eiters, die Milchsäurebakterien und die Buttersäurebazillen. Diese Mikroorganismen konnten nur in den nicht dem Verfahren ausgesetzt gewesenen Kontrolflaschen wieder aufgefunden werden, allerdings unter ziemlichen Schwierigkeiten, da die für die Versuche benutzte Milch zahlreiche saprophytische Keime enthielt, welche die Erkennung der anderen Arten erschwerten. Immerhin ließen von den pathogenen Arten Cholera und Milzbrand sich sicher wieder auffinden. Für die anderen Bakterienarten blieb der Nachweis zweifelhaft. Durch die Vorsterilisation wurden, wie die Besichtigung der Platten ergab, diese Krankheitskeime, auch die Milzbrandsporen, vernichtet. Durch die Vor- und Hauptsterilisation gelang dies natürlich ebenfalls. Es war aber nach Ausweis der Platten nicht gelungen, alle Saprophyten zu zerstören; sowohl in den Flaschen, die nur der Vorsterilisation, als auch in denen, die der Gesammtsterilisation unterzogen waren, fanden sich durch das Gelatineverfahren ziemlich zahlreiche Keime. Die Anzahl derselben konnte durch exakte Zählung nicht festgestellt werden, weil ihre Vertheilung in der Milch keine gleichmäßige war; auf der einen Platte fanden sich sehr viele und auf der anderen, die anscheinend genau ebenso und mit derselben Materialmenge besät war, viel weniger Kolonieen. Eine Zählung durfte angesichts der wenigen Platten, die von jeder Flasche vorlagen, keinen Werth beanspruchen, und unterblieb. Immerhin ging aus den Versuchen hervor, daß auch die Anzahl der saprophytischen Keime schon durch die Vorsterilisation nicht unerheblich herabgesetzt worden war. Die nur vorsterilisirten Flaschen hielten sich, im Laboratorium aufbewahrt, einige Tage; alsdann gerann ihr Inhalt. Die vollsterilisirten Proben verhielten sich ungleichmäßig. Einige derselben „schlugen um" nach Verlauf von einer Woche, andere blieben über einen Monat makroskopisch unverändert. Da aber die Anzahl der für diese Beobachtungen ins Laboratorium geschafften Flaschen eine ziemlich geringe war, wenigstens gegenüber der Zahl einer Gesammtfüllung von 240, so konnte infolge des verschiedenen Ausfalls der Versuche ein zutreffender Schluß aus denselben nicht gezogen werden; es war vielmehr nöthig, mit einer größeren Flaschenzahl und zu verschiedenen Zeiten die Versuche zu wiederholen.

Es konnten aber wenigstens hinsichtlich der Tuberkulose die Versuche Verwerthung finden, denn aus dem Inhalte von 5 mit Reinkulturen von Tuberkelbazillen beschickten Flaschen hatten wir, nachdem sie dem Verfahren unterzogen gewesen waren, Meerschweinchen nicht tuberkulös machen können.

Es gelang uns bei diesen ersten Versuchen, einige Bakterien aufzufinden, die in den umgeschlagenen Flaschen besonders häufig vorkamen. Sie wurden isolirt und zeigten in ihren Dauerformen, welche sie schnell und leicht bei Bruttemperatur bildeten, eine bemerkenswerthe Widerstandsfähigkeit gegen den strömenden Dampf. Diese Bakterienarten benutzten wir weiterhin zur Infektion der Milch.

1. Milch, sterilisirt am 5. Dezember 1889.

Eine Flasche Milch vom 5. Dezember 1889, die im März 1890 von Berlin nach Kiel und im Mai von Berlin nach Straßburg i. E. hin und zurückgesandt worden war und seitdem bis zum 17. Januar 1891 im warmen Zimmer gestanden hatte, wurde untersucht. Die Milch hatte ein gutes Aussehen, roch und schmeckte nach gekochter Milch, die Reaktion war amphoter. In der Milch schwamm ein zu einer festen Masse zusammengebackener und durch Schütteln nicht mehr vertheilbarer Rahmpfropf.

Zur bakteriologischen Untersuchung wurden Agarplatten mit 1 ccm und mit 4 Tropfen gemacht. Nach dreitägigem Verweilen im Brutschrank bei 36,5° zeigten die Platten folgendes Aussehen: die mit 1 ccm Milch angefertigten waren durchsetzt von etwa 800 in der Tiefe gelegenen kleinen Kolonieen, unter dem Mikroskope von meist elliptischer, oft auch spitz linsenförmiger, undurchsichtiger Form mit glattem, fast stets mit Auswüchsen besetztem Rande. Einzelne an die Oberfläche gekommene Kolonieen bildeten daselbst kleine runde Scheibchen, bei schwacher Vergrößerung von gekörntem Aussehen, in der Mitte noch die tiefer gelegene Ausgangskolonie zeigend In den mit 4 Tropfen Milch angelegten Schalen waren nur wenige, etwa 100 Kolonieen derselben Art angegangen. Die tief gelegenen, von derselben Form wie vorher, waren nur größer und ihre Randausbuchtungen stärker. Die oberflächlichen bildeten weiße, feuchtglänzende, runde, etwas erhabene Scheiben von häutiger Beschaffenheit, unter dem Mikroskope von stark gekörntem Aussehen; auch die Ausbuchtungen an den tiefer gelegenen Kolonieen hatten dieselbe gekörnte Zeichnung und einen unregelmäßigen, zarten körnigen Rand. Durch die Oelimmersion ließen sie sich in ein Gewirr von Fäden auflösen, durchsetzt von zahllosen großen, glänzenden, länglichen Sporen. Die einzelnen oft leicht spindelförmigen Stäbchen von ziemlicher Größe, trugen ungefähr in der Mitte die Sporen. Es ergab sich aus diesem Befunde die interessante Thatsache, daß eine Milch, welche sich über ein Jahr anscheinend unverändert gehalten hatte, dennoch Bakterien, allerdings in verhältnißmäßig (vergl. die Arbeit von Cnopf) geringer Anzahl, enthielt.

2. Milch, sterilisirt am 13. März 1890.

Zur Füllung des Apparates wurde Milch am 12. März 1890 aus einem Kuhstalle in der Jüdenstraße (in der Nähe des Versuchsraumes) entnommen, der zweimaligen Vorsterilisation und sodann am 13. März 1890 der Hauptsterilisation unterzogen. 24 Flaschen, verschlossen mit der Plombe des Kaiserl. Gesundheitsamtes, wurden bis zum Januar 1891 im warmen Zimmer aufbewahrt, ohne daß sichtliche Veränderungen an ihrem Inhalte auftraten. Am 4. November 1890 kamen zwei Flaschen dieser Milch in den Brutschrank bei 33° und verblieben darin bis zum 19. Dezember dess. Js., ohne Veränderung zu zeigen. Am 13. Januar 1891 sah diese gelb gefärbte Milch noch gut aus, sie roch nach gekochter Milch und hatte ausgesprochene, amphotere Reaktion. Bei der bakteriologischen Untersuchung erwies sie sich als keimfrei. Weitere sechs Flaschen verblieben ebenfalls ohne Veränderung zu zeigen vier Tage lang bei 36,5°; auch in diesen konnten nachher durch das Plattenverfahren Bakterien nicht nachgewiesen werden. Am 24. Januar wurden nochmals 10 Flaschen, deren Inhalt ein durchaus gutes Aussehen und keine auffallende Menge Milchschmutz zeigte, in denen der Rahm sich aber selbst durch kräftiges und anhaltendes Schütteln nicht mehr genügend gut vertheilen ließ, und die alle amphotere Reaktion hatten, der bakteriologischen Untersuchung unterzogen; aber auch diese Milchproben wurden keimfrei befunden. Am 27. Januar wurde dann noch eine Flasche Milch, die von Berlin nach Kiel hin und zurück, im April 1890 von Berlin nach Italien (S. Remo) mit der Post hin und zurück, darauf im Mai und Juni nach Straßburg i. E. und wieder nach Berlin gesandt worden war und seit dieser Zeit im warmen Zimmer gestanden hatte, durch die bakteriologische Untersuchung als keimfrei befunden. Der Inhalt dieser Flasche zeigte die durch Alter und durch Schütteln bedingten Veränderungen des Rahmes in erhöhtem Maße.

Diese Milch, welche über 10 Monate sich bei verschiedenen Temperaturen unverändert gehalten hatte, erwies sich demnach als keimfrei. Farbe und Geschmack kennzeichneten sie als eine in geringem Grade überhitzte.

Versuche mit einem verbesserten Apparate.

Bei den folgenden Versuchen, von denen einige etwas ausführlicher dargestellt sein mögen, wurden zum Theil genaue Temperaturmessungen im Apparate und in der Milch angestellt. Zu denjenigen Versuchen, bei welchen nichts Anderes erwähnt ist, benutzten wir eine möglichst frische Milch. Die dem Apparate entnommenen Flaschen wurden in der schon oben angegebenen Weise weiter bearbeitet. Dabei zeigte sich, daß in den meisten derselben, nachdem sie längere Zeit im Zimmer gestanden oder im Brutschrank gelegen hatten, ein nicht unbeträchtlicher Absatz von Milchschmutz enthalten war. Derselbe wurde in einigen Fällen besonders untersucht; es fanden sich anscheinend nur die erwähnten schwer zu tödtenden Dauerformen und zwar derselben Arten, die wir auch aus der im Brutschrank umgeschlagenen Milch gezüchtet hatten.

3. Rieselgrasmilch, sterilisirt im Juni und Juli 1890.

Die zu dieser Versuchsreihe benutzte Milch stammte von Kühen, welche mit Rieselgras gefüttert worden waren.

Zur Beobachtung kamen 7 Flaschen Milch, von denen je 1 am 7. und 8., 2 am 9. Juli 1890 nach vorangegangener Vorsterilisation der Hauptsterilisation, 1 am 2. und 2 am 3. Juli nur der einmaligen Sterilisation unterzogen waren.

Die Flaschen standen bis zum 29. Dezember 1890 im warmen Zimmer; makroskopische Veränderungen wurden an ihrem Inhalt nicht wahrgenommen. Sie hatten vielmehr alle normales Aussehen, etwas festen, gelblich gefärbten Rahm und waren luftleer. Am 29. Dezember 1890 kamen 2 Flaschen vom 3., 1 Flasche vom 8. und 1. vom 9. Juli in den Brutschrank bei 36,5°. Am 2. Januar 1891 war die Milch in einer der Flaschen vom 3. Juli umgeschlagen; in den anderen, die noch bis zum 10. Januar bei derselben Temperatur blieben, zeigte sie auch an diesem Tage keine sichtbaren Veränderungen. Der Inhalt sämmtlicher vorhandenen Flaschen wurde alsdann bakteriologisch untersucht. Es erwies sich allein die Milch vom 7. Juni und eine Flasche Milch vom 9. Juli, welche letztere vom 29. Dezember 1890 bis zum 14. Januar 1891 bei 36,5° gewesen, als keimfrei; in der Milch aller anderen Flaschen konnten Bakterien nachgewiesen werden. Wir führen die betreffenden Befunde an.

Milch vom 3. Juli 1890, im Brutschrank am 2. Januar 1891 umgeschlagen vorgefunden: Der Inhalt der luftleeren Flasche bestand aus einer ziemlichen Menge schwach gelb gefärbter Flüssigkeit und einer gelbweißen, festen, käsigen Masse. Bei starkem Schütteln entstand wieder eine milchige Flüssigkeit. Der Geruch der Milch war nicht unangenehm, die Reaktion schwach sauer. Auf den mit 1 ccm angefertigten Agarplatten wuchsen äußerst zahlreiche Kolonieen, unter dem Mikroskope von undurchsichtigem, dickem, spinnenförmigem Aussehen. Auf den mit zwei Tropfen Milch gemachten Platten hatten sich auch noch zahlreiche Kolonieen anscheinend derselben Art entwickelt, die mit dem bloßen Auge als kleine, gelbliche Punkte von stellenweise mattem Aussehen unterschieden werden konnten. Unter dem Mikroskope derbe, rundliche Kolonieen mit zahlreichen verzweigten Ausläufern. Auf Agar abgestochen, bildete sich bald im Brutschrank ein üppiger, an manchen Stellen faltiger Rasen. Auf Kartoffeln entstand bei Bruttemperatur zunächst ein feucht glänzender, schleimiger Ueberzug, der an manchen Stellen Tröpfchen bildete, nach kurzer Zeit sich röthete und dann ein mehr trockenes und leicht faltiges Aussehen erhielt.

Von dem Inhalt einer Flasche Milch, welche vom 29. Dezember 1890 bis 14. Januar 1891 bei 36,5° gestanden und am 14. Januar noch unverändertes Aussehen zeigte, wurde aus 1 ccm eine Plattenserie angefertigt. Es entwickelten sich zahlreiche Kolonieen, die unter dem Mikroskope wie große, spinnenförmige Gebilde mit dickem kugeligem Zentrum aussahen. An manchen Stellen hatte der Agar-Nährboden ein mattes Aussehen bekommen.

In der Milch vom 8. Juli, die ebenfalls anscheinend unverändert vom 29. Dezember 1890 bis 14. Januar 1891 bei 36,5° gestanden hatte, ließen sich in allen Platten Kolonieen anscheinend der gleichen Art erkennen. Dieselben bestanden, wie die Untersuchung mit der Immersion ergab, aus perlschnurförmig angeordneten Sporen. Die letzteren waren groß und elliptisch. Der stark aufgebutterte Inhalt beider Flaschen hatte guten Geruch und schwach saure Reaktion.

Je eine Flasche vom 2. und vom 9. Juli 1890 verblieben bis zum 20. Januar 1891 bei Zimmertemperatur. Das Aussehen nach dieser Zeit war gut, der Geruch wie von gekochter Milch mit eigenthümlichem, nicht unangenehmem Nebengeruch; der Rahm etwas gelblich gefärbt, die Reaktion amphoter.

Milch vom 2. Juli 1890: Die mit 1 ccm angefertigten Platten wiesen äußerst zahlreiche Kolonieen auf, welche zum Theil einen hautähnlichen Ueberzug bildeten, von stellenweise mattem Aussehen. Unter dem Mikroskope stellten sie kugelige Gebilde dar, von deren Oberfläche zahlreiche, oft ganz verworrene und wie mit feinen Haaren besetzt erscheinende Ausläufer sich abzweigten; einige Kolonieen zeigten nur diese Verzweigungen ohne einen Kern oder ein dichteres Zentrum (Uebergang zur Spinnenform). Mit der Oelimmersion ließen sich zahllose verschlungene Fäden erkennen, die aus ziemlich großen Bazillen bestanden, in denen und zwar meist nach einem Ende zu, längliche, an den Enden abgerundete Sporen eingelagert waren. In den mit zwei Tropfen Milch angefertigten Platten fanden sich die gleichen Kolonieen, nur etwas weniger zahlreich. Mit dem bloßen Auge waren dieselben als kleine, runde, mattweiße Gebilde zu erkennen, und hatte die Agarfläche an manchen Stellen ein mattes Aussehen. Unter dem Mikroskope erkannte man rundliche, oft mit zahlreichen verzweigten Ausläufern besetzte Kolonieen und die Oberfläche des Agars war an vielen Stellen überzogen mit einem Gewirr von krausen, verzweigten Fäden.

Milch vom 9. Juli 1890: Auf den mit 1 ccm der Milch gemachten Platten hatten sich nicht sehr zahlreiche (etwa 1500) gut isolirte Kolonieen entwickelt. Die in der Tiefe gelegenen bildeten kleine, weiße Kugeln; die näher an der Oberfläche liegenden waren umgeben von einem zarten, runden Belag in Form eines Hofes. Unter dem Mikroskope erwiesen sich die tiefgelegenen als kugelige, undurchsichtige Gebilde mit zahlreichen verzweigten, derben Ausläufern, vielfach das Aussehen eines Wurzelgeflechtes darbietend; viele waren ohne dichteres Zentrum, vollständig durchbrochen, und überall lichte Stellen zeigend. An den feinen Verzweigungen ließen sich sehr gut bei etwas stärkerer Vergrößerung kleine, dunkle Pünktchen wahrnehmen (Sporen); die an der Oberfläche gelegenen Kolonieen waren von einem dünnen, den Agar bedeckenden Ueberzug, wie von einem Hofe umgeben. Der Rand des letzteren ließ vielfach gekörnte Ausläufer erkennen, auch zeigte der Hof selbst dies stark gekörnte Gefüge. Auf den mit vier Tropfen Milch angefertigten Platten waren die Kolonieen weniger zahlreich, dabei sehr gut getrennt gelegen; die an der Oberfläche liegenden hatten noch bessere

Höfe, deren Rand schon für das bloße Auge als zart gekerbt erschien, und auf deren Flächenbelag zahlreiche vom Mittelpunkte nach dem Rande hingehende Fältchen wahrnehmbar waren. Die Oelimmersion löste die Kolonieen in verschlungene Fäden mit zahlreichen, oft frei daliegenden Sporen auf. Die Fäden bestanden aus kurzen, plumpen Stäbchen; in den meisten derselben lagen große, stumpf elliptische Sporen, fast den ganzen Raum des Stäbchens ausfüllend.

Aus dieser Versuchsreihe ging wiederum hervor, daß eine Milch, die sich mehrere Monate lang bei verschiedenen Temperaturen äußerlich nicht verändert hatte, theils wirklich keimfrei war, theils aber dennoch Bakterien enthielt.

4. Milch, sterilisirt am 30. Juli 1890.

Die Milch, dem Kuhstalle in der Jüdenstraße entnommen, wurde zum Theil versetzt mit Sporen von Milzbrand und von drei verschiedenen Sorten Bazillen, welche aus unvollkommen sterilisirter Milch mit Hülfe des Gelatineplattenverfahrens bei gewöhnlicher Temperatur gewonnen waren. Die Sporen wurden in die Milch und an den Flaschenhals gebracht. Die Temperatur war bei der Sterilisation zu hoch gegangen und hatte die letztere auch zu lange Zeit gedauert. Die Milch war deshalb etwas verbrannt (schwach gelbe Farbe) und zu weit ausgekocht. Dreißig Flaschen wurden bis zum 10. Dezember 1890 im warmen Zimmer aufbewahrt, ohne bis dahin wahrnehmbare Veränderungen erlitten zu haben. Im Flaschenhalse befand sich am 10. Dezember eine dicke, gelb gefärbte Rahmschicht und darunter eine dünne, wässerig aussehende Flüssigkeit von gleicher Farbe. Beim Schütteln vertheilte sich der Rahmpfropf nur schlecht; es ließen sich in der Milch auch nach gutem Durchschütteln immer kleine Rahmstückchen wahrnehmen. An den Wänden der Flaschen bemerkte man bei genauem Zusehen einen feinkrümeligen Ansatz. Die Flaschen waren, wie das Auftreten des Knallphänomens erwies, alle luftleer, trotz der verschieden großen Schüttelräume; der Flascheninhalt roch nach stark gekochter und schmeckte nach leicht angebrannter Milch; die Reaktion war amphoter. Am 10. Dezember 1890 kamen 16 Flaschen der, wie oben beschrieben, vor der Sterilisation infizirten und 6 Flaschen der reinen Milch von derselben Lage in den Brutschrank bei 36,5° und blieben darin bis zum 19. Dezember. An diesem Tage wurde nur eine Flasche vorgefunden, die umgeschlagen war; sämmtliche übrigen sahen gut aus; ihr Inhalt hatte stark gebuttert. Durch das Plattenverfahren konnte aus dem schwach sauer reagirenden, umgeschlagenen Inhalte der einen Flasche, die vor der Sterilisation mit den Sporen eines aus Milch gewonnenen Bazillus versetzt worden war, die Reinkultur eines rothen Kartoffelbazillus erhalten werden. Derselbe bildete auf der Kartoffel schwach erhabene, röthliche Falten und verlieh dem Nährboden einen eigenthümlichen, angenehmen Geruch. Der in die Flasche hineingebrachte Mikroorganismus konnte jedoch nicht mehr darin aufgefunden werden. In dem schwach amphoter reagirenden Inhalte der übrigen im Brutschrank gewesenen und nicht umgeschlagenen Flaschen der infizirten und der reinen Milch konnten durch das Plattenverfahren Bakterien nicht nachgewiesen werden.

In dieser Versuchsreihe zeigte sich demnach die Milch, welche mehrere Monate bei Zimmertemperatur und im Brutschrank anscheinend unverändert geblieben war, als keimfrei. Eine Flasche, deren Inhalt erst im Brutschrank sich zersetzte, enthielt Bakterien. Die Sporen von Milzbrand und von drei verschiedenen, zur Gruppe der Heubazillen gehörigen Arten waren durch das Verfahren vernichtet worden.

Versuche mit dem neuesten Apparat.

5. Milch, sterilisirt am 4. September 1890.

Beobachtet wurden, vom 5. September an, 28 Flaschen der aus dem Kuhstalle in der Jüdenstraße stammenden Milch, die am 4. September in unserem Beisein der vollständigen Sterilisation und 4 Flaschen Milch, die nur der sogenannten Vorsterilisation unterworfen waren. Die Milch der letzteren Flaschen zersetzte sich beim Aufbewahren bei Zimmertemperatur im Verlaufe weniger Tage. Beim Oeffnen der Flaschen entwichen Gase und es machte sich ein buttersäureartiger Geruch bemerkbar; im hängenden Tropfen fanden sich zahlreiche bewegliche, lange Stäbchen. Mitte September wurden zwei Flaschen der vollständig sterilisirten Milch bakteriologisch untersucht (Plattenverfahren, Agar, Brutschrank). Sie erwiesen sich als steril. Die übrigen 26 Flaschen wurden hierauf bis zum 10. Dezember bei Zimmertemperatur aufbewahrt. Anfangs Oktober ließen sich zwei Flaschen schon dem äußeren Ansehen nach als nicht steril erkennen. Unter dem noch vorhandenen, im Flaschenhalse sitzenden Rahmpfropf befand sich eine klare, gelblich gefärbte Flüssigkeit, die den größten Theil des Flaschenraumes einnahm; unterhalb derselben, am Boden der Flaschen lag eine weiße, käsige, quarkartige Masse. Beide Flaschen waren noch luftleer (knallten). Der Geruch des Flascheninhalts war nicht widerlich, käseartig, nach schwach zersetzter Milch; die Reaktion schwach sauer. Durch das Plattenverfahren konnte in beiden Flaschen die Anwesenheit eines dem Heubazillus sehr ähnlichen Bakteriums nachgewiesen werden.

Die übrigen 24 Flaschen sahen unverändert gut aus. Der Inhalt von 2 derselben wurde am 10. Dezember mit negativem Ergebniß bakteriologisch untersucht; die Reaktion war ausgesprochen amphoter; Geruch und Geschmack entsprachen der gekochten Milch, die anderen 22 Flaschen kamen am 10. Dezember 1890 in den Brutschrank bei 36,5° und verblieben darin bis zum 19. Dezember, an welchem Tage alle bei ihrer Herausnahme keine sichtliche, auf Bakterienwachsthum zurückzuführende Veränderungen aufwiesen. Der Inhalt sämmtlicher Flaschen hatte jedoch mehr oder minder stark gebuttert, so daß in der Rahmschicht Butterkügelchen überall wahrzunehmen waren. Die Reaktion der Milch war auch jetzt noch ausgesprochen amphoter, der Geruch gut, nach gekochter Milch. Milchschmutz war nur spärlich vorhanden. Von 10 Flaschen wurden am 19. Dezember Agarplatten gemacht, von jeder Flasche zwei Reihen, und erwiesen sich dieselben nach viertägigem Verweilen im Brutschranke bei 36,5° sämmtlich als steril.

Diese Versuchsreihe hatte somit gezeigt, daß die sogenannte Vorsterilisation nicht im Stande gewesen war, eine Dauermilch zu erzielen. In den nur dieser Operation unterzogenen Flaschen trat schon nach wenigen Tagen sauere Zersetzung ein. Die vollsterilisirte Milch dieser Reihe konnte dagegen auf den Namen einer Dauermilch mit Recht Anspruch machen, denn sie hielt sich in genießbarem Zustande mehrere Monate lang anscheinend unverändert und erwies sich im Allgemeinen als keimfrei. Die Milch in 2 Flaschen schlug nach etwa 1 Monat bei Zimmerwärme um; sie enthielt eine dem Heubazillus ähnliche Bakterienart.

6. Milch, sterilisirt am 8. Oktober 1890.

Beobachtet wurden 4 Flaschen (Eckflaschen), die Ende Oktober in unseren Besitz kamen, dieselben blieben bis zum 29. Dezember im warmen Zimmer, an welchem Tage sie noch ein normales Aussehen zeigten und kamen alsdann in den Brutschrank bei 33°; darin verblieben sie 4 Tage, bis zum 2. Januar 1891. Bei ihrer Herausnahme konnte an ihnen keine auffallende Veränderung wahrgenommen werden. Milchschmutz war in allen 4 Flaschen ziemlich vorhanden. Zwei Flaschen von augenscheinlich gleichem Aussehen wurden am 8. Januar geöffnet; der Inhalt der einen reagirte deutlich amphoter, der der zweiten war dagegen schwach sauer und zeigte einen etwas anderen Geruch, sowie mehr Milchschmutz. Vom Inhalte beider Flaschen wurden eine Reihe Agarplatten gemacht und der Milchschmutz auf Bakterien untersucht. Während nun in der amphoter reagirenden Milch weder im Milchschmutz noch in der Milch durch das Plattenverfahren Bakterien gefunden werden konnten, zeigte die Milch aus der anderen Flasche schon bei der direkten Untersuchung des Schmutzabsatzes bewegliche Bakterien im hängenden Tropfen; sowohl im Milchschmutz wie in der Milch wurden durch das Plattenverfahren Kolonieen der gleichen Bakterienart aufgefunden. Auf den mit 1 ccm Milch besäten Agarplatten waren im Brutschrank zahlreiche Kolonieen gewachsen, die dem Nährboden einen deutlich an Acetamid erinnernden Geruch verliehen, und unter dem Mikroskope betrachtet, sich als kleine, spinnenförmige, unregelmäßige, nicht durchsichtige Gebilde erwiesen, welche die ganze Platte durchsetzten. Die Oelimmersion löste diese spinnenförmigen Kolonieen in ein Gewirr von ziemlich schlanken Stäbchen auf, an denen endständige, große, ellipsoide Sporen wahrzunehmen waren, und die im hängenden Tropfen Bewegung zeigten. In den mit 4 Tropfen der Milch gemachten Platten waren die Kolonieen weniger zahlreich, und es zeigten hier die in der Tiefe gelegenen meist eine spitz eiförmige (linsenähnliche), undurchsichtige Gestalt mit glattem Rande, der aber fast durchweg mit seitlichen Auswüchsen besetzt war. Die an der Oberfläche liegenden Kolonieen bildeten dagegen mit dem bloßen Auge wahrnehmbare, weiße, feuchtglänzende Tröpfchen. Auch hier fanden sich immer die schon erwähnten Sporen. Diese Bakterien, welche auch bei den nachfolgenden Versuchsreihen wiederholt aufgefunden wurden, haben wir schlechthin als „Köpfchenbakterien" bezeichnet. Die noch nicht mit Sporen versehenen Stäbchen zeigten, ähnlich wie der Heubazillus, in der Nähe der Enden 2—6 glatte oder nur leicht wellige Geißeln.

Die beiden übrig gebliebenen Flaschen kamen am 9. Januar nochmals in den Brutschrank und verblieben darin bei 36,5° bis zum 14. Januar. An diesem Tage waren beide Flaschen umgeschlagen. Sie erwiesen sich luftleer, hatten einen eigenartigen, nicht unangenehmen, käseähnlichen Geruch und saure Reaktion.

In beiden Flaschen wurden bei der bakteriologischen Untersuchung Reinkulturen des oben beschriebenen keulenförmigen Köpfchenbazillus gefunden.

Die Milch auch dieser Versuchsreihe konnte somit als Dauermilch bezeichnet werden.

Sie hielt sich mehrere Monate anscheinend unverändert sowohl bei Zimmertemperatur, als auch bei 33°. Trotzdem ergab die nähere Untersuchung, daß diese äußerlich gleichen Milchproben verschieden waren. Eine Probe war amphoter und keimfrei, eine andere schwach sauer und enthielt die Köpfchenbakterien, die sich auch in dem augenscheinlich gleichmäßig auf die Flaschen vertheilten Milchschmutz vorfanden. Zwei Milchproben, die monatelang bei Zimmerwärme und 4 Tage bei 33° äußerlich unverändert geblieben waren, schlugen erst nach weiterem Bebrüten bei 36,5° C um; sie enthielten ebenfalls den Köpfchenbazillus.

7. Milch, die Anfangs November 1890 sterilisirt und in Berlin im Handel zu haben war.

10 Flaschen dieser Milch, die bis zum 4. Januar 1891 im warmen Zimmer aufbewahrt worden, wurden an diesem Tage in den Brutschrank bei 36,5° gebracht. Am 8. Januar war der Inhalt von 3 Flaschen umgeschlagen; in allen, auch den nicht veränderten Flaschen, hatte sich ziemlich viel Milchschmutz abgesetzt. Bei der bakteriologischen Untersuchung wurden in den 3 umgeschlagenen und in 6 der unverändert gebliebenen Milchproben die bei der vorigen Versuchsreihe beschriebenen Köpfchenbakterien gefunden, nur eine Flasche erwies sich als keimfrei.

8. Milch, sterilisirt am 8. November 1890.

Zur Untersuchung erhielten wir am 11 November 60 Flaschen Milch aus Nauen, die am 8. November in Berlin die vollständige Sterilisation durchgemacht hatte. Die Milch wurde im warmen Zimmer aufbewahrt, und bis Ende Januar 1891 konnten wir an ihr keine Veränderungen bemerken. Ihr Aussehen war das gewöhnliche; sie hatte in allen Flaschen stark aufgerahmt, zeigte schwach gelbliche Farbe und enthielt ziemliche Mengen Milchschmutz.

Vom 30. November 1890 an wurde eine Flasche bei einer Temperatur von 30° aufbewahrt. Ihr Inhalt war am 19. Dezember umgeschlagen. In den von dieser Milch gemachten Agarplatten wurden zahlreiche Kolonieen der beschriebenen Köpfchenbakterien gefunden.

Am 19. Dezember kamen weitere 7 Flaschen der Milch in den auf 30° C eingestellten Brutschrank; von diesen waren am 29. Dezember 5 Flaschen umgeschlagen. Von 6 Flaschen, welche seit dem 29. Dezember bei 33° gestanden hatten, zeigten schon am 2 Januar 1891 3 Flaschen eine Zersetzung des Inhaltes. Die Milch in 10 Flaschen, die vom 4. Januar ab bei 36,5° gehalten wurde, war sämmtlich am 8. Januar umgeschlagen.

Alle Flaschen wurden sofort bakteriologisch untersucht, und es ergab sich folgender Befund:

Zur besseren Uebersicht sollen die Flaschen wie folgt bezeichnet werden.

1. Die umgeschlagenen Flaschen:

10 Flaschen bei 36,5° C vom 4. bis 8. Januar 1891 mit . . . . . 1—10
3 „ „ 33° „ „ 29. Dezember 1890 bis 2. Januar 1891 mit 11—13
5 „ „ 30° „ „ 19. bis 29. Dezember 1890 mit . . . . 14—18

2. Die anscheinend unverändert gebliebenen Flaschen:

2 Flaschen bei 30° C vom 19. bis 29. Dezember 1890 mit . . I u. II
3 „ „ 33° „ „ 29. Dez. 1890 bis 2. Jan. 1891 mit III, IV u. V

Befund: Flasche 1: Die mit 1 ccm Milch gemachten Platten rochen nach saurem Kleister. Sie waren dicht durchsetzt von zahlreichen kleinen, zierlichen, spinnenförmigen Kolonieen, welche den Kolonieen der Köpfchenbakterien ähnlich, aber viel zierlicher und zarter waren. Die mit 4 Tropfen Milch angefertigten Platten rochen ebenfalls nach saurem Kleister und enthielten viele etwas größere Kolonieen derselben Art. Die Oelimmersion löste dieselben in ein Gewirr von äußerst zarten Fäden auf; ganz vereinzelt fanden sich darin kugelige, das Licht stark brechende Sporen. Flasche 2 und 3 gaben denselben Befund. Flasche 4: Die mit 1 ccm Milch gemachten Platten enthielten neben den eben beschriebenen Kolonieen noch eine ziemliche Anzahl Kolonieen einer anderen Bakterienart, die an einigen Stellen auf der Agarfläche eine matte, runzlige Haut bildeten und sich bei näherer Untersuchung als Kartoffelbazillen erwiesen. Flasche 5: Alle Platten rochen wieder nach saurem Kleister. Diejenigen von 1 ccm Milch enthielten in großer Menge die bei Flasche 1 erwähnten, zarten, spinnenförmigen Kolonieen; die anderen Platten waren durchsetzt mit zahlreichen etwas größeren Kolonieen derselben Art. Flasche 6: Derselbe Befund. Die Oelimmersion löste die Kolonieen wieder in das Gewirr der bei Flasche 1 beschriebenen Mikroorganismen auf. Ein genauer Vergleich mit den früher gefundenen keulenförmigen Köpfchenbakterien zeigte, daß die letzteren etwa doppelt so breit und dabei auch länger waren. Die Sporen derselben waren ebenfalls viel größer und ellipsoid geformt, während die Sporen der hier gefundenen Bakterien kleiner und fast kugelrund waren; sie saßen jedoch auch an den Enden der Bazillen, so daß dieselben gleichfalls als Köpfchenbakterien anzusprechen waren. Die Stäbchen waren überhaupt viel zarter, als die der ersterwähnten Art und trugen nahe an den Enden meist 2 nicht wellige Geißeln. Flasche 7: In den Platten mit 1 ccm Milch wuchsen eine ziemliche Anzahl rundlicher Kolonieen, deren Peripherie mit zahlreichen verzweigten Ausläufern versehen war. Auf den mit 4 Tropfen Milch besäten Platten war fast die ganze Oberfläche mit einer schwach glänzenden, am Rande zart gelappten, weißen Kulturschicht überzogen. Die Oelimmersion ließ die Kolonieen und den Belag aus Haufen von meist freiliegenden, ellipsoiden Sporen zusammengesetzt erscheinen; nur vereinzelt fanden sich Stäbchen, in deren Mitte eine Spore lag. Flasche 8: Die mit 1 ccm Milch angefertigten Platten waren durchsetzt von zahlreichen Kolonieen, anscheinend zweier verschiedener Arten. Die in der Tiefe gelegenen zeigten kugelige, an der Peripherie unregelmäßig zerzauste Form; die mehr oberflächlich gelegenen waren zu rauhen, schwach glänzenden Rasen ausgewachsen, die sich schon bei schwacher Vergrößerung in ein Gewirr von zarten Fäden auflösen ließen. In den mit 4 Tropfen Milch gemachten Platten fanden sich äußerst zahlreiche Kolonieen der kugeligen, ersterwähnten Art, dazwischen aber auch vereinzelte der blassen, spinnenförmigen Kolonieen. Der schleimige feuchtglänzende Belag bestand aus einem Gewirr von ziemlich großen, an den Enden abgerundeten Stäbchen, in welches zahlreiche große ellipsoide Sporen eingelagert waren. Bei der Untersuchung der spinnenförmigen Kolonieen mit der Oelimmersion ergab sich, daß dieselben aus zarten, dünnen Fäden bestanden, die von Bazillen mit kugeligen, endständigen Sporen gebildet wurden. Flasche 9 lieferte denselben Befund, wie Flasche 1. Flasche 10: In den Platten fanden sich in großer Zahl die kleinen, blassen, spinnenförmigen Kolonieen, dazwischen viele große, meist unregelmäßig kugelige, feste, undurchsichtige Kolonieen mit theilweise ausgefranzter Oberfläche; die letzteren bestanden aus vereinzelten großen, schlanken Stäbchen, die in Haufen von großen, länglich eiförmigen, glänzenden Sporen eingelagert waren. Die spinnenförmigen Kolonieen bestanden aus einem Netzwerk äußerst zarter, dünner Stäbchen mit endständigen, kugeligen Sporen. Flasche 11, 12, 13 und 14 gaben denselben Befund wie Flasche 1. Flasche 15: Die Platten waren durchsetzt von zahlreichen gleichartigen Kolonieen. Bei schwacher Vergrößerung erinnerten dieselben an große, dicke Spinnen. Die Oelimmersion löste sie in ein Gewirr von reihenförmig angeordneten, ziemlich großen, ellipsoiden Sporen auf, zwischen denen hie und da dünnere, blasse Bazillen eingelagert erschienen; anscheinend waren auch diese Sporen endständig, und lagen manchmal an beiden Enden der Bazillen. Die oberflächlich gelegenen Kolonieen bildeten einen matten, hauchähnlichen Ueberzug. Flasche 16: In der Tiefe der Platten zahlreiche anscheinend gleichartige, kugelige, große Kolonieen, deren Zentrum durchsichtiger erschien, als die etwas ausgezackte Peripherie. Die Oberfläche des Schälchens war von einer matten, leicht runzligen und an einigen Stellen schwach feuchten Bakterienhaut überzogen. Die Kolonieen bestanden aus zarten, blassen Stäbchen, die etwas kleiner als Heubazillen waren. Sporen konnten nur an einigen Stellen beobachtet werden. Dieselben stellten ellipsoide Gebilde dar von größerem Dickendurchmesser als die Bakterien. Flasche 17: Alle Platten mit zahlreichen der bei Flasche 16 beschriebenen Kolonieen besetzt. Die Oberfläche des Agars war von einer dicken, matten Haut überzogen, die sich sehr schwer zusammenhängend ablösen ließ; dieselbe bestand aus zahllosen der vorerwähnten Bakterien und war mit ellipsoiden, reihenförmig liegenden anscheinend mittelständigen Sporen dicht besetzt. Flasche 18 zeigte denselben Befund wie Flasche 16 und 17. Flasche I: Die mit 1 ccm Milch angefertigten Platten waren durchsetzt von zahllosen Kolonieen, welche vermittelst dicker, proteusähnlicher Ausläufer zusammenhingen. In den mit 4 Tropfen Milch gemachten Platten lagen die Kolonieen weiter von einander und zeigten hier die öfters erwähnte Spinnenform, jedoch waren die Ausläufer, sowie die ganzen Kolonien viel gröber und weniger durchsichtig, als die Kolonieen der Köpfchenbakterien. Die an der Oberfläche liegenden Kolonieen waren matt. Die Oelimmersion ließ dieselben als ein Gewirr von Fäden erkennen, die aus Stäbchen von etwa der Größe der Heubazillen bestanden. Sehr zahlreiche große, länglich ellipsoide, anscheinend endständige Sporen waren in das Fadengewirr eingelagert. Flasche II: In allen Platten zahlreiche kleine, blasse, spinnenförmige Kolonieen, die aus zarten mit endständigen, runden Sporen versehenen Bazillen bestanden. Flasche III und Flasche IV lieferten denselben Befund wie Flasche II. Flasche V: Alle Platten mit zahllosen Kolonieen von zarter, spinnenförmiger Gestalt besetzt, welche sich in ein dichtes Gewirr von Fäden mit großen ovalen Sporen auflösen ließen; Stäbchen ohne Sporen, deren Durchmesser etwas geringer war, als der kleinste Durchmesser der Sporen, lagen ganz vereinzelt zwischen diesen Sporenketten. Auf der Oberfläche des Agars zeigten die Kolonieen eine matte Beschaffenheit.

Die Milchproben dieser Versuchsreihe hatten sich also mehrere Wochen anscheinend unverändert bei Zimmerwärme gehalten; bei der darauf folgenden Bebrütung, soweit sie derselben unterzogen wurden, zersetzten sie sich. Aus diesen Proben wurden verschiedene Bakterienarten gewonnen, die sich alle durch schnelle Sporenbildung auszeichneten; in den bebrüteten Flaschen hatten sich weder Gase, noch erheblichere Mengen Säure gebildet.

Versuche vom 10. November 1890.

An diesem Tage wurden zwei Versuche angestellt:

1. Volle Beschickung des Apparates mit Abendmilch vom 9. November aus Nauen; 74 l Milch in 228 Flaschen;
2. theilweise Beschickung des Apparates mit Milch aus dem Kuhstalle in der Jüdenstraße und mit besonders infizirter Milch.

In beiden Versuchen wurde die Temperatur im Apparate und in der Milch zunächst an den zu demselben gehörenden 2 Thermometern von Zeit zu Zeit abgelesen, dann aber auch durch hineingebrachte Maximalthermometer im Apparate und in der Milch bestimmt. Die nach den Versuchen abgelesenen Zahlen sind in die Tabellen eingetragen.

Die erste an diesem Tage unternommene Versuchsreihe ist nachstehend mit der Ziffer 9 und die zweite mit 10 bezeichnet.

9. Erste Versuchsreihe vom 10. November 1890.

Anfang der Vorsterilisation 10 Uhr 40 M. Bei der Vorsterilisation wurden gegen 26 l Kondenswasser erhalten. Die Erhitzung der Milch ging etwas zu hoch. Sie soll in der Regel nicht viel höher als 90° gehen; zu dem Zwecke hätte die Dampfzufuhr etwas früher, als geschah, gemäßigt, und das Abblaseventil geöffnet werden müssen; es soll dies geschehen, sobald das Thermometer in der Milch etwa 80° anzeigt. Bei dem Versuche hatte der Röhrenkessel ungefähr 2 Atmosphären Dampfdruck.

Der Gang der Temperatur während der Vorsterilisation und die nach Beendigung derselben aufgezeichneten Thermometerablesungen sind in nachstehende Tabellen eingetragen.

a) Thermometerablesungen während der Vorsterilisation.

Gang des Versuches	Zeit Uhr	Zeit Min.	Thermometer unten an der tiefsten Stelle im Apparate	Thermometer in der Milch
Anfang des Dampfeinlasses in den kalten Apparat .	10	40		
	10	55	88°	
Es strömt unten Dampf aus . .	10	56	94°	
	11	—	99°	95°
	11	01		98°
Der Abblase- und Abflußhahn unten wird geschlossen und das Abblaseventil oben geöffnet.	11	04	101°	99°
	11	11	99.5°	99.5°
Dampf tritt langsam von oben und unten ein . . .	11	15		99.5°

Schluß. 15 Minuten nach dem Zeitpunkte, an welchem die Temperatur der Milch auf 95° gestiegen.

b) Thermometerablesungen nach Schluß der Vorsterilisation.

Stelle, an der sich das Thermometer befand	Temperatur
Flasche rechts vorn	99°
„ links vorn.	99°
„ in der Mitte	99°
rechts vorn auf dem Einsatze liegend	102°
links vorn	102°
in der Mitte.	103°
am Boden an der tiefsten Stelle des Apparates liegend . .	101.5°
in der Mitte des Apparates frei hängend	101°

Nach Beendigung der Vorsterilisation wurde der Apparat geöffnet, die Milch herausgenommen und zur Abkühlung bei Seite gestellt. Nach Verlauf von annähernd 5 Stunden erfolgte in der beschriebenen Weise die Hauptsterilisation. Die Temperaturablesungen während und nach Schluß derselben sind in folgende beiden Tabellen eingetragen.

a) Thermometerablesungen während der Hauptsterilisation.

Gang des Versuches	Zeit Uhr	Zeit Min.	Thermometer unten an der tiefsten Stelle im Apparate	Thermometer in der Milch
Anfang des Dampfeinlasses. . . .	4	12		
	4	37	90°	96°
	4	38	97°	96.5°
	4	39	99°	97.5°
Schluß der Dampfzufuhr von oben.	4	40	100°	
Dampfeintritt jetzt von unten . . .	4	41		100°
Dampf bläst oben ab	4	43	102.5°	102°
Schluß	5	06	102.5°	102.5°

b) Thermometerablesungen nach Schluß der Hauptsterilisation.

Stelle, an der sich das Thermometer befand	Temperatur
Flasche rechte Ecke hinten . . .	102°
„ linke Ecke hinten . . .	102°
„ in der Mitte	101°
rechts hinten auf dem Einsatze liegend	103°
links hinten	101,5°
in der Mitte	103,5°
am Boden des Apparates liegend	102°
in der Mitte des Apparates frei hängend	102°

Von 4 Uhr 43 M. an bläst der Dampf oben durch das Abblaseventil ab, das auf einen Druck, der annähernd einer Temperatur von 102,5° entspricht, eingestellt ist. Der Dampfkessel hat bei diesem Versuche etwas über 1 Atm. Druck.

4 Uhr 40 M. Schluß der Dampfzufuhr von oben, Dampfeintritt jetzt von unten. Von 4 Uhr 41 M. an, dem Zeitpunkt, an dem das Thermometer in der Milch 100° anzeigt, bleibt die Milch noch 25 Minuten im Dampfe unter dem Druck, der einer Temperatur von 102,5° entspricht. Dann wird das Abblaseventil etwas geöffnet, bis das Thermometer vorn in der Milch eben anfängt zu fallen, und darauf werden sofort die Flaschen geschlossen.

Von der in unserem Beisein, wie vorstehend angegeben, behandelten Milch aus Nauen erhielten wir am 11. November 188 Flaschen; sie wurden im warmen Zimmer aufbewahrt, und es konnte bis Ende Januar 1891 an dem Inhalte der Flaschen eine Veränderung nicht wahrgenommen werden.

Am 19. Dezember kamen 22 Flaschen davon in den Brutschrank bei 36,5°. Der Inhalt von 16 derselben wurde am 23. Dezember umgeschlagen vorgefunden. Von weiteren 20 Flaschen, die vom 25. bis 29. Dezember bei 33° bebrütet waren, zeigten 10 ein Umschlagen ihres Inhaltes. 6 Flaschen, die sich während der Zeit vom 25. bis 29. Dezember bei 33° gut gehalten hatten, kamen am 31. Dezember in den Brutschrank von 36,5°; am 4. Januar fand sich der Inhalt von nur 4 Flaschen umgeschlagen vor; die zwei unverändert gebliebenen Flaschen wurden noch bis zum 8. Januar 1891 bei derselben Temperatur gelassen, erlitten aber auch bis dahin keine wahrnehmbare Veränderung.

Von 7 Flaschen Milch, die seit dem 29. Dezember bei 30° aufbewahrt wurden, schlug bis zum 4. Januar 1 Flasche um; am 6. Januar fanden sich weitere 3 Flaschen, am 12. Januar 1, und am 14. Januar wieder 1 Flasche umgeschlagen vor, sodaß jetzt nur eine Flasche übrig blieb, welche sich dann auch bis zum 24. Januar unverändert bei dieser Temperatur hielt.

Der Inhalt von folgenden Flaschen wurde bakteriologisch untersucht: 4 Flaschen, die in der Zeit vom 19. bis 23. Dezember umgeschlagen waren, dann 10 Flaschen, wovon 5 während der Zeit vom 19. bis 23. Dezember und 5 vom 25. bis 29. Dezember umgeschlagen waren; bei letzteren wurde auch die gebildete Menge Säure bestimmt. Ferner wurden untersucht die 4 Flaschen, die erst in der Zeit vom 25. Dezember 1890 bis 4. Januar 1891 sich verändert hatten, die 6 Flaschen, welche zu verschiedenen Zeiten bei 30° umgeschlagen waren, und endlich alle 12 Flaschen, die im Brutschrank sich anscheinend unverändert gehalten hatten. Außerdem kamen noch 8 Flaschen Milch, die bei Zimmertemperatur gestanden, zur Untersuchung. In sämmtlichen, umgeschlagenen Flaschen wurde dieselbe Bakterienart gefunden, welche schon an anderer Stelle als „Köpfchenbazillen" beschrieben ist. In 10 Flaschen, die sich bei Bruttemperatur gehalten, fanden sich trotzdem ebenfalls diese Köpfchenbakterien vor. Nur die 2 Flaschen, die sich vom 25. Dezember 1890 bis 8. Januar 1891 bei 33° und 36,5° gehalten, und die 1 Flasche, welche bei 30° vom 29. Dezember 1890 bis 24. Januar 1891 unverändert geblieben, gaben einen anderen Befund. Die bei 30° gut gebliebene Milch war keimfrei. Von den beiden zuerst bei 33° und dann bei 36,5° unverändert gebliebenen Flaschen war die eine, welche schwach amphoter reagirte, ebenfalls keimfrei; die andere dagegen, die schwach saure Reaktion zeigte, enthielt Bakterien, jedoch auffallender Weise nicht die in den Flaschen dieser Versuchsreihe sonst gefundenen Köpfchenbakterien, sondern eine andere, große und längliche Sporen bildende Bakterienart; diese wuchs auf Agarflächen als eine mattglänzende, runzelige Haut, auf Kartoffeln in Form eines rothen, kleinfaltigen Belages von eigenthümlichem angenehmen Geruch. In 6 von den 8 bei Zimmertemperatur gehaltenen Flaschen konnten bei der bakteriologischen Untersuchung die bekannten Köpfchenbakterien aufgefunden werden, 2 erwiesen sich als keimfrei. Letztere 8 Flaschen wurden gleich nach Entnahme der zur bakteriologischen Untersuchung erforderlichen Menge Milch wieder geschlossen und 4 Tage lang bei 36,5° bebrütet, nach welcher Zeit alle umgeschlagen vorgefunden wurden. Während sich in den Flaschen, die vorher die Köpfchenbakterien enthalten hatten, dieselben wieder auffinden ließen, konnten in den 2 Flaschen, die bei der ersten Untersuchung sterile Platten lieferten, die Köpfchenbakterien auch jetzt nicht gefunden werden, es fanden sich dagegen andere Bakterien vor, die wahrscheinlich beim Oeffnen der Flaschen erst hineingekommen waren.

Um ein Urtheil über die Menge der durch die Köpfchenbakterien in der Milch gebildeten Säure zu bekommen, wurde in 10 Flaschen der umgeschlagenen Milch die Säuremenge durch Titriren bestimmt. Es ergab sich folgendes:

Von einer Kalilauge, die so gestellt war, daß 1 ccm derselben 0,0047 g Milchsäure entsprach, wurden verbraucht für je 10 ccm Milch oder Serum:

	Gesammt-Milch	Serum		Gesammt-Milch	Serum
Flasche 1	13,8 13,4	10,3	Flasche 6	14,1 14,0	10,8 10,6
2	12,0 11,8	10,0	7	12,5 12,7 12,0	10,8
3	12,6 12,2		8	12,5 12,0	
4	12,8 13,1	10,2	9	13,4 13,0	10,7
5	13,0 13,7	10,6	10	13,2 13,6	

Die gebildete Menge Säure war also ziemlich geringfügig; sie entsprach für die Gesammtmilch im Mittel der Versuche 6 g Milchsäure im Liter, für das Serum 4,9 g; die Zahl für das Serum war niedriger, weil in letzterem die Endreaktion früher erkannt wurde.

Die bakteriologische Untersuchung dieser vollsterilisirten Milch, welche durch ihre mehrwöchentliche Haltbarkeit in genießbarem Zustande sich als Dauermilch kennzeichnete, erwies, daß sie trotzdem nicht durchweg keimfrei war; die meisten Flaschen enthielten vielmehr die als Köpfchenbakterien bezeichneten Mikroorganismen in mäßiger Menge. Die Milch hatte in den Flaschen einen nicht unerheblichen Absatz von Milchschmutz gebildet. Derselbe wurde genauer untersucht. Er war von grauweißlicher Farbe und haftete ziemlich fest an der Glaswand. Unter der Oelimmersion zeigte es sich, daß er aus einer feinkörnigen Grundsubstanz von wahrscheinlich geronnenem Eiweiß oder Kasein bestand, in welche zahlreiche Milchkügelchen eingebettet lagen. Daneben fanden sich allerhand mikroskopische Reste von Pflanzen, ganze Verbände zum Theil chlorophyllhaltiger Zellen, undurchsichtige Bröckchen von schwarzer und brauner Farbe, gefärbte und farblose Fäserchen von Zeugstoffen. Ganz vereinzelt konnten dazwischen stäbchenförmige Gebilde erkannt werden, die vielleicht Bakterien waren. Sporen hätte man zwischen den zahlreichen Butterkügelchen nicht herausfinden können. In den von diesem Absatz angefertigten Agarplatten gingen sehr zahlreiche Bakterienkolonieen an, die, wie der vorherrschende Geruch der Kulturen nach Acetamid und die Prüfung mit der Oelimmersion ergaben, aus den keulenförmigen Köpfchenbazillen bestanden.

Es ist demnach die Vermuthung gerechtfertigt, daß die Bakterien, welche die Milch dieser Versuchsreihe aufwies, durch den Milchschmutz hineingelangt waren. Eine gleichmäßige Vertheilung desselben auf alle Flaschen hat sicherlich nicht stattgefunden, und so kam es, daß der Inhalt der einen Flasche im Brutschrank früher, der der anderen Flasche später sich zersetzte, einige wenige Flaschen aber gar keine Bakterien enthielten.

10. Zweite Versuchsreihe vom 10. November 1890.

Milch aus dem Kuhstalle in der Jüdenstraße wurde mit 9 verschiedenen Bakterienarten infizirt und zwar in der Weise, daß mit jeder Bakterienart je 6 Flaschen versetzt wurden; 8 Bakterienarten kamen in Form von Sporen zur Verwendung; wir ließen die sporenhaltigen Massen in ziemlich dicker Schicht an die Hälse und Wände der Flaschen antrocknen. Mit jeder Art wurden auch Reagirzylinder in derselben Weise beschickt zur nachherigen Kontrole. Die dazu verwandten Bakterien waren: Sporen von Milzbrand, Sporen dreier Kartoffelbazillen, zweier aus unvollkommen sterilisirter Milch mit Hülfe der Fleischpepton-Gelatineplatten gewonnenen Bakterien, Sporen der Heubazillen, der Milchsäurebazillen und der Bazillus der blauen Milch. Von den 9 Reihen Proben der mit verschiedenen Bakterien infizirten Milch wurde je eine Flasche nur der sogen. Vorsterilisation unterworfen und nachher geschlossen, die übrigen infizirten Flaschen wurden zusammen mit einer Anzahl nicht infizirter der vollen Sterilisation unterzogen. Die infizirten Flaschen standen in den Ecken und in der Mitte des Apparates.

Vor- und Hauptsterilisation erfolgten in derselben Weise, wie beim vorigen Versuche, auch wurden die Temperaturen während und nach den Operationen abgelesen. Die Ablesungen sind in nachstehende 4 Tabellen eingetragen:

a) Thermometerablesungen während der Vorsterilisation.

Gang des Versuches	Zeit Uhr	Zeit Min.	Thermometer unten an der tiefsten Stelle im Apparate	Thermometer in der Milch
Anfang des Dampfeintritts	12	50		
	12	55	85°	
Das Ventil oben wird geöffnet . .	12	56	90°	
Dampf wird von unten und oben langsam zugelassen	12	57	97°	
	1	00	97°	91° [1]
	1	05	98°	97,5°
	1	10	98,5°	98,5°

[1]) Langsam steigend.

b) Thermometerablesungen nach Schluß der Vorsterilisation.

Stelle, an der sich das Thermometer befand	Temperatur
Flasche rechts vorn neben Bac. anthrac.	98°
Flasche rechts Mitte neben Kartoffelbazillus	98,5°
Flasche in der Mitte.	98,5°
rechts vorn auf dem Einsatze liegend	99,5°
in der Mitte auf dem Einsatze liegend	98,5°
rechts vorn in der Mitte auf dem Einsatze liegend	98°
unten tief im Apparate. . . .	99°
In der Mitte frei hängend . .	100°

c) Thermometerablesungen während der Hauptsterilisation.

Gang des Versuches	Zeit Uhr Min.	Thermometer unten an der tiefsten Stelle im Apparate	Thermometer in der Milch
Anfang des Dampfeintritts von oben	6 00		
	6 09	95°	
	6 12	98,5°	90,5°
	6 17	100°	99° [1])
Schluß der Dampfzufuhr von oben.	6 18		100°
Jetzt Dampfeintritt von unten . . .	6 19	102°	101°
	6 36	102,8°	103°
Schluß	6 43		

[1]) Steigend.

d) Thermometerablesungen nach Schluß der Hauptsterilisation.

Stelle, an der sich das Thermometer befand	Temperatur
Flasche hinten Ecke neben Bac. anthrac.	101°
Flasche vorn Ecke neben Kartoffelbazillus	101°
Flasche in der Mitte	107,5° [2])
Ecke hinten auf dem Einsatze liegend	103°
Ecke vorn auf dem Einsatze liegend	103°
in der Mitte auf dem Einsatze liegend	102,5°
unten tief am Boden des Apparates liegend	103°
in der Mitte frei hängend . . .	102,5°

[2]) Therm. aus der Milch herausgeworfen neben der Flasche auf dem Einsatze liegend.

Die in der vorstehend beschriebenen Weise behandelten Milchproben wurden in das Laboratorium geschafft und, wie folgt, beobachtet.

Bei der Aufbewahrung im warmen Zimmer erlitt die Milch keinerlei sichtbare Veränderung.

Am 1. Dezember kamen 5 der infizirten Flaschen in den Brutschrank bei 30°; bis zum 19. Dezember war noch keine Aenderung in ihrem Aussehen eingetreten. Dieselben wurden dann am 23. Dezember in den Brutschrank von 36,5° gebracht. Am 27. Dezember war eine Probe, die mit den Sporen eines Kartoffelbazillus versetzt worden war, umgeschlagen; bei der bakteriologischen Untersuchung konnte aus derselben der betreffende Kartoffelbazillus wieder gewonnen werden.

Am 19. Dezember kamen ferner 14 Flaschen der infizirten und 4 Flaschen der nicht infizirten Milch in den auf 36,5° eingestellten Brutschrank. Am 23. Dezember war eine Probe, die mit den Sporen eines rothen Kartoffelbazillus und eine zweite, die mit Sporen einer anderen Kartoffelbazillenart versetzt worden war, umgeschlagen; durch das Plattenverfahren konnten in beiden Fällen die hineingebrachten Mikroorganismen wieder aufgefunden werden. Alle anderen Flaschen zeigten anscheinend unverändertes Aussehen. Bei der bakteriologischen Untersuchung ergab sich jedoch, daß nur die Flaschen, welche mit den Bazillen der blauen Milch, mit den Sporen der Milchsäure, des Milzbrandbazillus und des Heubazillus versetzt worden, keimfrei, daß dagegen in allen anderen Flaschen die Bakterien nicht abgetödtet, sondern durch das Plattenverfahren wieder auffindbar waren.

Die im Brutschrank gewesenen und die bei gewöhnlicher Temperatur gehaltenen, nicht infizirten Milchproben waren alle keimfrei.

Diejenigen infizirten Flaschen, welche nur der Vorsterilisation unterzogen waren, kamen nicht erst in den Brutschrank; sie wurden einige Tage nachher untersucht; der Inhalt der meisten hatte sich schon zersetzt. Die hineingebrachten Bakterien konnten bis auf die Bakterien der blauen Milch, der Milchsäure und des Milzbrands durch das Plattenverfahren wieder aufgefunden werden. Zum Nachweis des Milzbrands wurden 2 ccm der betreffenden Milch einem Meerschweinchen und 0,5 ccm einer Maus in die Bauchhöhle gebracht. Beide Thiere blieben gesund. Die hineingebrachten Milzbrandsporen waren also schon durch die Vorsterilisation abgetödtet. Durch Kontrolversuche war festgestellt, daß schon 1 ccm der mit Milzbrandsporen infizirten, aber nicht vorsterilisirten Milch ausreichte, Meerschweinchen an typischem Milzbrand zu tödten.

Das Ergebniß dieser Versuchsreihe ist in Kürze folgendes: Die nicht infizirte Milch war durch das volle Verfahren, nicht aber durch die Vorsterilisation, wirklich keimfrei geworden; von 9 Bakterienarten, 8 in Form von Sporen, hatten 5 der letzteren die volle Sterilisation ausgehalten (3 Kartoffelbazillenarten und 2 anscheinend zur Gruppe der Heubazillen gehörige). Die Bakterien der blauen Milch, die Sporen des Milzbrands und der Milchsäurebakterien waren sowohl durch das volle Verfahren, als auch schon durch die Vorsterilisation abgetödtet.

Interessant ist der Vergleich mit dem Ergebniß der vorigen Versuchsreihe. Dort hatte das Verfahren nicht ausgereicht, die Milch keimfrei zu machen, während es hier vollkommen gelungen war; zu der vorigen Versuchsreihe wurde Milch aus Nauen, zu dieser Reihe Milch aus der Jüdenstraße benutzt. Da in beiden Fällen dasselbe Verfahren der Sterilisation innegehalten wurde, kann die Verschiedenheit des Ausfalls wohl nur eine Folge der Ungleichheit der beiden Milchsorten sein. In der Milch aus Nauen war der Milchschmutzabsatz sehr stark, während die Milch aus der Jüdenstraße davon fast frei war.

11. Milch, sterilisirt am 11. November 1890.

In unseren Besitz kamen am 12. November 12 Flaschen Milch (Nauen), die am 11. November bei voller Beschickung des Apparates sterilisirt worden waren. Im Zimmer aufbewahrt, erlitten sie keine Veränderung. Ihr Aussehen war das gewöhnliche. Eine Flasche der Milch, die vom 30. November an bei 30° gestanden, war am 6. Dezember umgeschlagen. Von 8 Flaschen, die vom 23. Dezember an bei 36,5° gehalten waren, zeigten am 27. Dezember 6 eine Zersetzung des Inhaltes. Alle Flaschen waren luftleer, die umgeschlagenen hatten einen nicht unangenehmen, säuerlich käsigen Geruch und saure Reaktion. Von den Flaschen, die im Brutschrank keine Veränderung erlitten, zeigte die eine schwachsaure, die andere amphotere Reaktion, und beide den Geruch nach gekochter Milch. In sämmtlichen Flaschen, auch in den beiden im Brutschrank nicht veränderten, wurden Bakterien und zwar in allen nur die schon beschriebenen Köpfchenbakterien aufgefunden.

In dieser Versuchsreihe war die Milch ebenfalls durch das Verfahren in eine Dauermilch umgewandelt worden, die sich mehrere Wochen lang bei Zimmerwärme hielt. Sie war aber nicht keimfrei, sondern enthielt die mehrerwähnten Köpfchenbakterien. Interessant ist die Thatsache, daß die letzterwähnten Bakterien in allen Flaschen nud zwar ausschließlich gefunden wurden, trotzdem der Inhalt derselben hinsichtlich der augenscheinlichen Zersetzung bei Bruttemperatur (Umschlagen) und der Reaktion gegen Lackmus Verschiedenheiten darbot. Auf eine Erklärung dieses Befundes mußten wir verzichten.

12. Milch, sterilisirt am 12. November 1890.

Zu diesem Versuche wurden 6 Flaschen Milch aus dem Kuhstall in der Jüdenstraße verwendet, die mit tuberkulösem Material (vergl. folgende Versuchsreihe) infizirt waren; mit einer größeren Anzahl nicht infizirter Flaschen derselben Milch wurden sie, in die Ecken und in die Mitte des Apparates vertheilt, der Sterilisation unterzogen; eine Flasche mit tuberkulöser Milch wurde nur der Vorsterilisation unterworfen.

Vor- und Hauptsterilisation fanden in der beschriebenen Weise statt; desgleichen auch die Beobachtung der Temperaturen. Die Ablesungszahlen sind in nachstehende 4 Tabellen eingetragen.

a) Thermometerablesungen während der Vorsterilisation.

Gang des Versuches	Zeit Uhr	Zeit Min.	Thermometer unten an der tiefsten Stelle im Apparate	Thermometer in der Milch
Anfang der Dampfzufuhr	12	40		
	12	50		85°
	12	53	88°	
	1	—	98°	97°
	1	07	99°	98,5°

Von 12 Uhr 50 Min. Dampfeintritt von unten und oben, Ventil ist oben offen. Von da an wird die Milch noch 15 Min. unter Dampf im Apparat gelassen, so daß 1 Uhr 7 Min. die Vorsterilisation beendet ist.

b) Thermometerablesungen nach Schluß der Vorsterilisation.

Stelle, an der sich das Thermometer befand	Temperatur
Flasche rechts vorn	95°
„ links „	95°
„ links hinten	96°
„ rechts „	95,5°
„ Mitte	95°
in der Mitte auf dem Einsatze liegend	98°
am Boden des Apparates liegend	95°
in der Mitte frei hängend . .	97,5°

c) Thermometerablesungen während der Hauptsterilisation.

Gang des Versuches	Zeit Uhr	Zeit Min.	Thermometer unten an der tiefsten Stelle im Apparate	Thermometer in der Milch
Anfang des Dampfeinlasses . . .	4	40		
	4	44	86°	
	4	46	95°	89°
Dampfzufuhr . .	4	48	100°	
jetzt von unten . .	4	49		100°
	5	12	102,5°	102,5°

Schluß 5 Uhr 14 Min.

d) Thermometerablesungen nach Schluß der Hauptsterilisation.

Stelle, an der sich das Thermometer befand	Temperatur
Flasche rechts vorn	102,5°
„ links „	102,5°
„ rechts hinten	103,5°
„ links „	103,5°
„ Mitte	103,5°
auf dem Einsatze in der Mitte liegend	102°
am Boden des Apparates liegend	101,5°
in der Mitte freihängend . . .	102,5°

Die wie vorstehend behandelten Milchproben wurden sofort in das Laboratorium geschafft und weiter beobachtet. Ueber die Beobachtung der tuberkulösen Milch vergleiche die folgende Versuchsreihe.

25 Flaschen nicht infizirter Milch (Kuhstall aus der Jüdenstraße), die am 12. November zu gleicher Zeit wie die mit Tuberkulose infizirte Milch sterilisirt worden, wurden vom 13. November an im warmen Zimmer aufgehoben.

Am 31. Dezember kamen 14 Flaschen in den Brutschank bei 36,5° und verblieben darin bis zum 4. Januar 1891, ohne sichtliche Veränderung erlitten zu haben. Aus dem Inhalt von 12 Flaschen (Flasche 1 bis 12) wurden Agarplatten gegossen. Die Milch zeigte durchaus gutes Aussehen, wenig Milchschmutz, einen Geruch nach gekochter Milch und amphotere Reaktion. Zur Aussaat wurde von jeder Probe 1 ccm und 4 Tropfen genommen.

Befund: Flasche 1 keimfrei, ebenso Flasche 2. Flasche 3: Alle Platten durchsetzt von zahlreichen Kolonieen; die Oberfläche des Agars war theilweise mit einer matten, schwachglänzenden Haut überzogen; die Kolonieen erinnerten an die des Kartoffelbazillus. Sie bestanden aus Stäbchen von etwa der Größe des Heubazillus, die zu Fäden angeordnet und mit zahlreichen großen, ellipsoiden Sporen besetzt waren. Flasche 4: Alle Platten von zahlreichen anscheinend gleichartigen Kolonieen durchsetzt, welche von kugeliger Gestalt, mit etwas rauher Oberfläche und von einem zarten Hof umgeben waren. Sie bestanden aus großen Stäbchen, die fast alle mit großen ellipsoiden, endständigen Sporen besetzt erschienen. Zahllose dieser Sporen lagen auch frei da. Flasche 5, 6 und 7 waren steril. Flasche 8: In allen Platten nur wenige große Kolonieen. Die Oberfläche der mit 1 ccm Milch angefertigten Platten war vollständig, die der mit 4 Tropfen gemachten nur an einzelnen Stellen mit einer schwach glänzenden Bakterienhaut überzogen, welche aus zahlreichen großen Stäbchen bestand, die in eine dichtgedrängte Masse von großen, ellipsoiden Sporen eingelagert waren Flasche 9: Die mit 1 ccm Milch gemachten Platten rochen eigenthümlich spermaähnlich und waren durchsetzt von Kolonieen anscheinend 2 verschiedener Arten, deren Grenzen ineinander liefen. Die Kolonieen bestanden aus einem Gewirr von großen, zu Fäden verbundenen Stäbchen, die mit zahllosen ellipsoiden Sporen besetzt waren; letztere lagen an den einander zugekehrten Enden der Stäbchen, viele auch frei. Flasche 10: Alle Platten durchsetzt von zahlreichen gleichartigen Kolonieen, die in der Tiefe ziemlich große Kugeln mit etwas durchsichtigem Zentrum darstellten und deren Peripherie mit unzähligen langen Ranken nach allen Richtungen hin besetzt war. Die Kolonieen bestanden aus einem Gewirr von perlschnurartig angeordneten, großen ellipsoiden Sporen, zwischen denen vereinzelt schlankere Stäbchen lagen. Flasche 11 und 12 waren steril.

Von der bis Anfangs Januar 1891 bei Zimmertemperatur unverändert gebliebenen Milch wurden noch 6 Flaschen bakteriologisch untersucht, aber in keiner derselben konnten Bakterien gefunden werden.

Die Milch dieser Versuchsreihe zeigte demnach ein ungleichmäßiges Verhalten. In einer Anzahl Flaschen befanden sich sporenbildende Bakterien verschiedener

Arten, die das Verfahren überstanden hatten, während eine andere Reihe der Proben thatsächlich keimfrei geworden war. Bei Zimmertemperatur hielt sich die Milch wochenlang gut; auch im Brutschrank zersetzten sich nur einzelne Proben. Anscheinend war die Vertheilung des Milchschmutzes eine ungleichmäßige.

13. Versuche mit tuberkulöser Milch.

Am 12. November 1890 wurden frische Tuberkelknoten aus der Lunge, der Milz und den Gekrösedrüsen einer Kuh zerschnitten, im Mörser zerquetscht, mit etwa 40 ccm steriler Milch innig verrieben und durch Gaze kolirt. Von dieser Flüssigkeit wurden 2 ccm einem Meerschweinchen in die Bauchhöhle eingespritzt. Dasselbe ging am 15. November Abends an Bauchfellentzündung ein. Die Hauptmenge der tuberkulösen Flüssigkeit wurde mit steriler Milch auf 90 ccm aufgefüllt und auf 6 Flaschen vertheilt, so daß jede 15 ccm erhielt. Von dem Inhalte einer alsdann mit steriler Milch angefüllten und gut durchmischten Flasche erhielten zwei Meerschweinchen je 2 ccm in die Bauchhöhle. Am 13. November wurden von der am 12. der Sterilisation unterzogenen, mit Tuberkulose infizirten Milch 6 Meerschweinchen je 2 ccm in die Bauchhöhle eingespritzt. Meerschweinchen Nr. 1 erhielt die nur der Vorsterilisation unterworfene, tuberkulöse Milch, Nr. 2 bis 6 erhielten je 2 ccm der der Gesammtsterilisation unterzogenen Milch aus verschiedenen Flaschen. Die Meerschweinchen wurden nach Ablauf von 4 Wochen am 13. Dezember getödtet.

Die beiden Kontrolthiere, welchen die mit tuberkulösem Material infizirte und dem Verfahren nicht unterzogene Milch eingespritzt worden war, erwiesen sich bei der Sektion als hochgradig tuberkulös; das Netz war aufgerollt, von zahlreichen Tuberkeln durchsetzt. Die Milz, die Leber und die untere Fläche des Zwergfells zeigten zahlreiche Knoten und zum Theil frische miliare Formen. Die letzteren fanden sich auch in den Lungen vor. Die anderen Meerschweinchen, welchen die tuberkulöse aber sterilisirte Milch eingespritzt worden war, zeigten den normalen Befund gesunder Thiere. Dies war auch der Fall bei demjenigen Meerschweinchen, das die nur vorsterilisirte, tuberkulöse Milch erhalten hatte.

Mithin ergänzten diese Versuche den schon im Sommer an Reinkulturen der Tuberkulose gewonnenen Befund dahin, daß die Tuberkelbazillen im fein in der Milch zertheilten, tuberkulösen Gewebe durch das Verfahren ebenfalls abgetödtet wurden.

14. Milch, sterilisirt am 15. November 1890.

Der Apparat wurde voll beschickt mit Abends vorher gemolkener Milch aus Nauen, die auf der Eisenbahn nach Berlin und dann auf einem Wagen ins Haus gebracht worden war. Morgens gegen 10 Uhr begann die Füllung der zuvor sterilisirten Flaschen. Den Ausweis über die auch bei diesem Versuche gemachten Temperaturbeobachtungen liefern nachstehende Tabellen:

a) Thermometerablesungen während der Vorsterilisation.

Gang des Versuches	Zeit Uhr	Zeit Min.	Thermometer unten an der tiefsten Stelle im Apparate	Thermometer in der Milch
Dampfeintritt . .	9	58		
	10	21		93°
	10	22	93°	
	10	28		96,5°
	10	34	98°	98,5°
Schluß	10	36		

Von 10 Uhr 21 Min. an noch 15 Min. im Dampf.

b) Thermometerablesungen nach Schluß der Vorsterilisation.

Stelle, an der sich das Thermometer befand	Temperatur
Flasche rechts vorn Ecke . . .	96,5°
„ links „ „ . . .	96,5°
„ rechts hinten Ecke . . .	96,5°
„ links „ „ . . .	96,5°
„ Mitte	96,5°
in der Mitte auf dem Einsatze liegend	98°
am Boden des Apparates liegend	97,5°
in der Mitte frei hängend . .	99°

c) Thermometerablesungen während der Hauptsterilisation.

Gang des Versuches	Zeit Uhr	Zeit Min.	Thermometer unten an der tiefsten Stelle im Apparate	Thermometer in der Milch
Dampfeintritt von oben	3	02		
	3	13	88°	
	3	17	96°	
	3	18		91°
jetzt Dampfeintritt von unten . . .	3	20	100°	97,5°
	3	22		100°
	3	27	102,8°	102,5°
Schluß	3	47		

d) Thermometerablesungen nach Schluß der Hauptsterilisation.

Stelle, an der sich das Thermometer befand	Temperatur
Flasche rechts vorn	101,5°
„ links „	101,5°
„ rechts hinten	101,5°
„ links „	102°
„ Mitte	102,5°
auf dem Einsatze in der Mitte liegend	103°
am Boden des Apparates liegend	101,5°
in der Mitte frei hängend . . .	102,5°

Von dieser, in unserem Beisein am 15. November sterilisirten Milch, wurden am 16. November 180 Flaschen bei Zimmertemperatur aufgehoben. Bis Ende Januar 1891 hielt sich die Milch, soweit sie nicht vorher für andere Versuche benutzt wurde, unverändert. Am 21. Dezember kamen 20 Flaschen der Milch in den Brutschrank bei 33° und blieben darin bis zum 25. Dezember. Eine sichtliche Veränderung erlitten dieselben während dieser Zeit nicht. 8 dieser Flaschen wurden bakteriologisch untersucht und dabei 6 als keimfrei, 2 bakterienhaltig gefunden. Auf den mit der Milch der einen Flasche angefertigten Platten fanden sich zahlreiche kleine Kolonieen. An einigen Stellen hatte sich auf der Agaroberfläche ein matter Ueberzug gebildet. Unter dem Mikroskope sah man kugelige Kolonieen mit zahlreichen, verzweigten Ausläufern besetzt. Die Mitte der Kolonie war etwas durchscheinender, wie der Rand derselben, ihre Außenseite erschien moosartig bewachsen; manche Kolonieen zeigten ein derbes, spinnenförmiges Aussehen. Sie wurden gebildet aus zahllosen großen, ellipsoiden Sporen; nur wenige verblaßte, zu Fäden verbundene Stäbchen fanden sich vor, in deren Mitte zuweilen noch die Sporen wahrnehmbar waren. Die mit der Milch der anderen Flasche gemachten Platten ließen zahlreiche kugelige, undurchsichtige Kolonieen erkennen, deren Oberfläche mit vielen dicken, oft vielfach verzweigten Ausläufern besetzt war. Sie überzogen die Agaroberfläche an manchen Stellen mit einem unter dem Mikroskope fein punktirt erscheinendem Belage. Bei stärkerer Vergrößerung erkannte man zahllose Sporen und nur wenige kurze Stäbchen. 4 Flaschen, die schon bei 33° gewesen, wurden am 10. Januar nochmals in den Brutschrank bei 36,5° gebracht und verblieben darin bis zum 14. Januar. Auch dann konnte an ihrem Inhalt eine Veränderung nicht beobachtet werden. Bakteriologisch untersucht erwiesen sich 2 als bakterienhaltig; in den beiden anderen konnten Bakterien nicht gefunden werden. Auf den mit Milch aus der einen Flasche gemachten Platten fanden sich zahlreiche ziemlich große, blasse, spinnenförmige Kolonieen. Die mit Milch aus der anderen Flasche gefertigten Platten hatten eigenthümlichen, spermaähnlichen Geruch und waren überzogen mit einer dicken, feucht glänzenden Haut. Die Kolonieen erkannte man mit bloßem Auge als weiße Punkte, die von einem hellen, fast kreisrunden Hofe umgeben waren; bei schwacher Vergrößerung stellten dieselben kugelige Gebilde dar, deren Oberfläche mit vielen zerzausten Auswüchsen besetzt war. Sie bestanden aus zahllosen großen, länglichen Sporen; nur wenige verblaßte Stäbchen lagen dazwischen.

6 Flaschen Milch kamen am 23. Dezember in den Brutschrank bei 36,5°; am 27. Dezember hatten alle noch ein gutes Aussehen, auch erwies sich der Inhalt von zwei dieser Flaschen bei der bakteriologischen Untersuchung als steril. Die übrigen 4 wurden nochmals am 10. Januar in den Brutschrank gebracht, ohne daß sie bis zum 14. Januar Veränderungen erlitten. Nur in einer Flasche konnten Bakterien gefunden werden, der Inhalt der drei anderen war keimfrei. Auf den mit Milch der ersten Flasche gemachten Platten waren nur etwa 200 Kolonieen derselben Art angegangen. Sie bildeten auf der Oberfläche der Platten weißliche, glänzende Punkte, in der Tiefe waren sie von meist kugeliger, oft auch eiförmiger Gestalt und zeigten gewöhnlich an einer Stelle des Randes verschlungene Ausläufer.

10 Flaschen Milch wurden vom 10. bis 14. Januar bei 36,5° belassen; auch von diesen Flaschen veränderte sich während dem keine. Bei der bakteriologischen Prüfung fanden sich 6 Flaschen keimfrei; in 4 Flaschen konnten Bakterien gefunden werden. Von diesen gaben 2 Flaschen denselben Befund. Sie enthielten beide einen grauen Kartoffelbazillus, der auf Agar rundliche Kolonieen bildete und die ganze Agarfläche äußerst rasch mit einer matten, runzligen Haut überzog. Die mit Milch aus der dritten Flasche gemachten Platten waren durchsetzt von zahlreichen meist spitz eiförmigen, mit seitlichen Auswüchsen versehenen Kolonieen. Auf den mit Milch aus der letzteren Flasche angefertigten Platten wurden viele ziemlich große, blasse, spinnenförmige Kolonieen wahrgenommen.

12 Flaschen Milch, die bei Zimmertemperatur gestanden, wurden ebenfalls bakteriologisch untersucht; nur in 3 derselben konnten Bakterien gefunden werden. 2 Flaschen zeigten denselben Befund. Die Platten enthielten zahlreiche Kolonieen von der schon häufig beobachteten großen, spinnenförmigen Gestalt. An einigen Stellen war die Oberfläche des Agars von mattem Aussehen. Die eine Flasche enthielt eine andere Bakterienart. Auf den Platten waren nur wenige und meist große Kolonieen

angegangen, die an der Oberfläche eine matte, streifige Haut bildeten, deren Ränder gefranzt aussahen.

Die Milch dieser Versuchsreihe lieferte somit wieder den schon bei früheren Versuchen beobachteten, ungleichmäßigen Befund; im Allgemeinen konnte sie als eine wochenlang haltbare Dauermilch bezeichnet werden. Ein beträchtlicher Theil der Flaschen war wirklich keimfrei; in vielen Proben wurden aber Bakterien vorgefunden, die, wie erwähnt, schnell Sporen bildeten und den früher gefundenen Arten sehr ähnlich, wo nicht gleich waren.

15. Milch, sterilisirt am 11. Dezember 1890.

Für diesen Versuch wurde Abendmilch vom 10. Dezember aus Nauen benutzt. Temperatur derselben + 5° C.

Sie wurde nur einer einmaligen Sterilisation unterzogen bei voller Beschickung des Apparates. Die Thermometerablesungen sind, wie bei den früheren Versuchen, wieder in Tabellen eingetragen.

a) Thermometerablesungen während der Sterilisation.

Gang des Versuches	Zeit Uhr	Zeit Min.	Thermometer unten an der tiefsten Stelle im Apparate	Thermometer in der Milch
Anfang der Dampfzufuhr von oben .	12	35		
	1	03	100°	96°
	1	06	101°	100°
Der Dampf wurde bei diesem Versuche fortwährend von oben einströmen gelassen. Der Druck im Kessel schwankte zwischen 1¼ bis 2 Atm.	1	08		101°
	1	12	102,5°	102°
	1	13	103°	102,5°
	1	15	103°	
	1	16		103°
	1	19		102,5° [1])
	1	21	102,2°	102,2°
	1	23		103° [2])
	1	24	103,3°	
	1	25		103,25°
	1	27	103,4°	103,5°
	1	30		103,6°

1 Uhr 31 Min. Schluß.

[1]) Der Kessel wurde gespeist, hatte 1¾ Atm.

[2]) 2 Atm. Druck.

b) Thermometerablesungen nach Schluß der Sterilisation.

Stelle, an der sich das Thermometer befand	Temperatur
Flasche Ecke rechts vorn . . .	101°
" " links " . . .	102°
" " rechts hinten . . .	102,5°
" " links " . . .	102,5°
" vorn Mitte	103°
" hinten "	102,5°
" Mitte	101,5°
auf dem Einsatze in der Mitte liegend	103°
am Boden des Apparates liegend	101,5°
in der Mitte freihängend . . .	102,5°

180 Flaschen dieser Milch wurden vom 12. Dezember ab im warmen Zimmer aufbewahrt. Die Milch hatte das gewöhnliche Aussehen; die Flaschen zeigten ziemlich große und ungleiche Schüttelräume. Am 2. Januar 1891 kamen 21 Flaschen in den Brutschrank bei 33° und verblieben darin bis zum 6. Januar. An diesem Tage erwies sich eine Flasche als verdorben, alle anderen Flaschen zeigten keinerlei ungewöhnliche Veränderungen. Bei genauem Ansehen der umgeschlagenen Milchprobe fand sich, daß der Verschluß der Flasche mangelhaft und so wahrscheinlich eine Infektion von außen eingetreten war; es zeigte deshalb auch der Inhalt der Flasche faulige Zersetzung. Bei der bakteriologischen Untersuchung der anderen im Brutschrank unverändert gebliebenen, und von 15 bei Zimmertemperatur bis zum 24. Januar 1891 in gutem Zustande verbliebenen Milchproben ergab sich die überraschende Thatsache, daß in sämmtlichen in Untersuchung gezogenen Flaschen Bakterien nicht gefunden werden konnten.

Die Milch dieser Versuchsreihe erwies sich demnach als eine keimfreie Dauermilch, trotzdem sie nur einer einmaligen Sterilisation unterzogen war.

16. Milch, sterilisirt am 17. Dezember 1890.

Abendmilch vom 16. Dezember aus Nauen, von + 1,5° C, kam in leicht gefrorenem Zustande an. 45 Flaschen derselben wurden mit Sporen des Milchsäurebazillus, des Heubazillus und einiger Kartoffelbazillen versetzt, und in den Apparat gebracht, der mit Flaschen von nicht infizirter Milch aus derselben Quelle ausgefüllt wurde. Vor- und Hauptsterilisation geschahen, wie beschrieben. Die Temperaturablesungen sind in nachstehende Tabellen eingetragen.

a) Thermometerablesungen während der Vorsterilisation.

Gang des Versuches	Zeit Uhr	Zeit Min.	Thermometer unten an der tiefsten Stelle im Apparate	Thermometer in der Milch
Einlaß des Dampfes in den kalten Apparat[1])	12	36		
	12	55	87° (steigt schnell bis 91°)	
Oeffnung des Abblaseventils . .			89°	
Der Dampf tritt von oben und unten in den Apparat langsam ein .	1	00	96°[2])	
	1	05	96°	96°
	1	10	96,5°	97°

1 Uhr 10 Min. Schluß.

[1]) Druck im Dampfkessel bei Beginn des Versuches etwas über 2 Atm.

[2]) Druck im Kessel 1 Atm.

b) Thermometerablesungen nach Schluß der Vorsterilisation.

Stelle, an der sich das Thermometer befand	Temperatur
Flasche rechte Ecke vorn . . .	96°
„ linke „ „ . . .	96°
„ rechte Ecke hinten . . .	97,5°
„ linke „ „ . . .	96,5°
„ in der Nähe der infiz. Milch	96,5°
„ vorn Mitte	95,5°
„ hinten Mitte.	96,5°
auf dem Einsatze in der Mitte liegend	98°
am Boden des Apparates liegend	95°
In der Mitte frei hängend .	99°

c) Thermometerablesungen während der Hauptsterilisation.

Gang des Versuches	Zeit Uhr	Zeit Min.	Thermometer unten an der tiefsten Stelle im Apparate	Thermometer in der Milch
Anfang des Dampfeinlasses von oben[1])	5	25		
	5	42	90°	
	5	43	96°	
	5	44	98°	
Dampfzufuhr jetzt von unten . . .	5	46	100°	97°
	5	47		98,5°
	5	48		99,5°
	5	48,5		100°
	5	49	102°	101°
	5	51	102°	101,5°
	5	53		101,6°[2])
	5	56		101,5°[3])
	5	58	102,8°	102°
	6	00	103°	102,5°
	6	03		102,8°
	6	12	102,5°	102,5°[4])
	6	13	102,5°	102,5°

6 Uhr 15 Min. Schluß.

[1]) Kessel $1^1/_2$ Atm. Druck.
[2]) Druck $1^1/_2$ Atm.
[3]) Feuerungsthüre geöffnet und frische Kohlen aufgelegt.
[4]) Feuerungsthüre aufgemacht.

d) Thermometerablesungen nach Schluß der Hauptsterilisation.

Stelle, an der sich das Thermometer befand	Temperatur
Flasche rechte Ecke hinten . . .	104° (?) herausgeworfen
" linke " " . . .	103°
" rechte Ecke vorn . . .	102,5°
" linke " " . . .	102°
" neben der inf. Milch . .	102°
" vorn Mitte	102,5°
" Mitte	102°
auf dem Einsatze in der Mitte liegend	102,5°
am Boden des Apparates liegend	101,5°
in der Mitte freihängend . . .	102,5°

Von den infizirten und den nicht infizirten Proben wurden eine Anzahl nach der Vorsterilisation geschlossen und zur Beobachtung herausgenommen. Bei Zimmertemperatur aufbewahrt, schlugen dieselben nach ein paar Tagen um; die infizirte Milch früher als die nicht infizirte. Von sämmtlichen der Vorsterilisation unterzogenen, infizirten Proben wurden Platten angefertigt und die Anwesenheit der eingeführten Bakterien festgestellt. Vom 18. Dezember 1890 an wurde die nicht infizirte Milch (150 Flaschen) im warmen Zimmer aufbewahrt. Eine Veränderung derselben konnte unter diesen Verhältnissen bis Ende Januar 1891 nicht beobachtet werden.

Am 23. Dezember kamen 15 Flaschen der infizirten Milch in den Brutschrank bei 36,5°. Sie verblieben darin bis zum 27. Dezember, an welchem Tage eine Flasche umgeschlagen vorgefunden wurde. 6 Flaschen kamen dann nochmals vom 8. bis 12. Januar zusammen mit 9 anderen der infizirten Milch in den Brutschrank bei 36,5°. Am 12. Januar waren jetzt je 2 der ersteren und der letzteren Flaschen umgeschlagen.

Sämmtliche im Brutschrank gewesene und bei Zimmertemperatur aufbewahrte, infizirte Milch wurde der bakteriologischen Untersuchung unterzogen. Es ergab sich, daß in allen Proben, sowohl in den umgeschlagenen, wie in den anscheinend unverändert gebliebenen (mit alleiniger Ausnahme der mit Heubazillussporen infizirten) die hineingesetzten Bakterien noch aufgefunden werden konnten. Alle infizirten Flaschen zeigten einen luftverdünnten Schüttelraum. Die Milch der meisten derselben reagirte amphoter. Die Milch in einigen Flaschen und fast alle umgeschlagenen Proben reagirten sauer; faulige Zersetzung konnte in keiner Probe gefunden werden. 6 Flaschen der nicht infizirten Milch, die vom 23. bis 27. Dezember bei 36,5° belassen, blieben unverändert. Von weiteren 20 Flaschen, welche vom 8. Januar an bei 36,5° gehalten wurden, waren 2 am 12. Januar umgeschlagen.

Von den vom 23. bis 24. Dezember bei 36,5° gehaltenen 6 Flaschen Milch wurden 4 keimfrei befunden, 2 Flaschen enthielten Bakterien. Auf allen mit der Milch der einen Flasche angefertigten Platten waren zahlreiche derbe, meist undurchsichtige, spinnenförmige Kolonieen angegangen, die bei der Betrachtung mit der Oelimmersion sich als aus unzähligen freien Sporen gebildet, erkennen ließen. Auf den Platten aus der Milch der anderen Flasche gingen zahlreiche kugelige mit dicken Ausläufern versehene, oft an der Oberfläche des Agars einen hautartigen Belag bildende, meist etwas undurchsichtige Kolonieen an, die sich unter der Oelimmersion in Sporenhaufen, durchsetzt von wenigen verblaßten Stäbchen auflösen ließen. Die zwei im Brutschrank während der Zeit vom 8. bis 13. Januar umgeschlagenen Flaschen ergaben folgendes: Auf allen Platten aus der einen Flasche gingen zahlreiche kugelige und spitz linsenförmige, mit Auswüchsen besetzte Kolonieen an. Durch die Oelimmersion erkannte man, daß diese Kolonieen aus vielfach verschlungenen, langen Fäden bestanden, welche mit nicht sehr zahlreichen länglich elliptischen, endständigen Sporen durchsetzt waren. Die mit 1 ccm Milch aus der anderen Flasche angefertigten Platten zeigten deutlichen Acetamidgeruch, zahllose kleine, spinnenförmige Kolonieen und außerdem eine geringe Anzahl kugeliger Kolonieen, die an der Oberfläche einen matt glänzenden, gekörnten Ueberzug bildeten und aus unzähligen freien Sporen bestanden, während die spinnenförmigen den bekannten Köpfchenbakterien zugehörten; auch die mit zwei Tropfen Milch gemachten Platten ergaben denselben Befund. Es wurden dann noch 10 Flaschen Milch, die sich vom 8. bis 12. Januar unverändert im Brutschrank gehalten hatten, untersucht. Flasche 1: Die Platten enthielten nur wenige große Kolonieen, die auf der Oberfläche blattartig gewachsen waren und einen vielfach gelappten, gekerbten Rand und ein mattes Aussehen zeigten. Sie bestanden aus einem Gewirr von Fäden mit zahlreichen länglichen Sporen. Die Bazillen lagen in unregelmäßig angeordneten Reihen nebeneinander und die Sporen saßen mehr am Ende der Stäbchen. Flasche 2: Zahlreiche Kolonieen, unter dem Mikroskope große oft kugelige Gebilde mit von der Oberfläche ausgehenden, vielfach zerfaserten Ausläufern, manchmal derb spinnenförmig. Die Platten hatten stellenweise ein mattes Aussehen. Flasche 3 wie Flasche 2. Flasche 4: Zahlreiche kugelige und linsenförmige, am Rande mit Auswüchsen versehene Kolonieen; die an der Oberfläche liegenden bildeten weißliche, feucht glänzende Tröpfchen. Die Oelimmersion bestätigte, daß diese Kolonieen aus den bekannten Köpfchenbakterien bestanden. Flasche 5 und 6 waren ohne Bakterien. Flasche 7 zeigte denselben Befund wie Flasche 2. Flasche 8 war bakterienfrei. Flasche 9 lieferte denselben Befund wie Flasche 4. Flasche 10: Zahlreiche vielfach gut isolirte Kolonieen, die unregelmäßig spinnenförmige Gebilde darstellten; unter dem Mikroskope vereinzelte zu Fäden verbundene Bazillen, welche in Haufen von zahllosen Sporen lagen.

Von der bei Zimmertemperatur aufbewahrten Milch dieser Reihe wurden 10 Flaschen untersucht mit nachstehendem Befund: Flasche 1 war steril. Flasche 2: Zahlreiche kugelige Kolonieen, die an der Oberfläche des Agars eine mattglänzende Bakterienhaut bildeten. Sie bestanden aus Stäbchen mit großen, in der Mitte derselben liegenden elliptischen Sporen. Flasche 3: Die Platten waren durchsetzt von zahlreichen Kolonieen, welche die Agaroberfläche fast ganz mit einer matten, runzligen, unter dem Mikroskope gekörnt oder punktirt erscheinenden Haut überzogen. Sie bestanden aus zahlreichen Sporenhaufen; die Sporen waren groß, elliptisch; nur wenige meist noch in Fäden zusammenhängende, große Stäbchen waren zu sehen. Flasche 4 und 6 waren keimfrei. Flasche 5 zeigte denselben Befund wie Flasche 3. Flasche 7: Zahlreiche oft gut getrennt liegende, an manchen Stellen an der Oberfläche eine matte Haut bildende Kolonieen. Unter dem Mikroskope erschien der Belag punktirt und faltig. Die in der Tiefe gelegenen waren kugelig, hatten eine rauhe, mit vielen kleinen, moosartigen Wucherungen besetzte Oberfläche; sie bestanden aus vollkommen frei daliegenden, zahllosen Sporen. Flasche 8: Viele kugelige, oft spitzelliptische, undurchsichtige Kolonieen, deren glatter Rand bei schwacher Vergrößerung mit Auswüchsen versehen war; während sie dem bloßen Auge als gelbe, meist runde, scharf umschriebene Kolonieen erschienen. An der Oberfläche bildeten dieselben eine matte Haut, die unter dem Mikroskope am Rande fein gelappt und punktirt aussah. Sie bestand aus unzähligen in Häufchen liegenden Sporen, dazwischen kurze zu Fäden verbundene, große Bazillen. Flasche 9 zeigte denselben Befund wie Flasche 7. Flasche 10: Zahlreiche ziemlich große, meist spinnenförmige Kolonieen, die zum Theil an der Oberfläche einen mattglänzenden Ueberzug bildeten und aus unzähligen Sporen zusammengesetzt waren. Nur wenige Stäbchen, die manchmal zu verschlungenen Fäden zusammentraten, lagen dazwischen. Die stumpf elliptischen Sporen lagen in der Mitte der Stäbchen, ihr Durchmesser war kleiner als der der Stäbchen. Flasche 11 und 12 erwiesen sich als steril.

Die Ergebnisse dieser Versuchsreihe können, wie folgt, zusammengefaßt werden:

1. Die nicht infizirte Milch war durch das Verfahren in eine zum Theil wirklich keimfreie Dauermilch verwandelt worden.
2. Die infizirten Proben verhielten sich verschieden; einige zeigten deutliche nicht faulige Zersetzungen (ohne Gasentwicklung), andere blieben scheinbar unverändert. In beiden Fällen wurden jedoch die zur Infektion benutzten Bakterien wieder aufgefunden.
3. Durch die Vorsterilisation allein konnten die zur Infektion benutzten Sporen von Heubazillen und verschiedener Kartoffelbazillen nicht abgetödtet werden.

17. Milch, sterilisirt am 18. Dezember.

Der Apparat wurde mit 40 Flaschen steriler Milch beschickt, die mit Cholera, Diphtherie, Typhus, Eiterkokken und Milzbrandsporen infizirt waren; die vollständige Füllung des Apparates geschah mit Milch aus Nauen. Die Hälfte der infizirten

Flaschen wurde nur der Vorsterilisation unterzogen. Die bei diesem Versuche gemachten Temperaturbeobachtungen sind in nachstehende Tabellen eingetragen.

a) Thermometerablesungen während der Vorsterilisation.

Gang des Versuches	Zeit Uhr	Zeit Min.	Thermometer an der tiefsten Stelle im Apparate	Thermometer in der Milch
Dampfeinlaß[1]) . .	3	00		
Dampfzutritt von oben und unten .	3	22	92°	
Abblaseventil ist geöffnet[2])	3	23	95°	93° langsam steigend
	3	25	95°	95°
	3	30	95°	96°
	3	34	96°	96°
	3	37	96°	96°

[1]) Druck beinahe 3 Atm.
[2]) Druck $1^1/_4$ Atm.
Schluß: 3 Uhr 37 Min.

b) Thermometerablesungen nach Schluß der Vorsterilisation.

Stelle, an der sich das Thermometer befand	Temperatur
Flasche rechts vorn	96,5°
" links "	96°
" rechts hinten	97°
" links "	96,5°
" vorn Mitte	95,5°
auf dem Einsatze in der Mitte liegend	98°
am Boden des Apparates liegend	95°
freihängend in der Mitte . . .	100°

c) Thermometerablesungen, während der Hauptsterilisation.

Gang des Versuches	Zeit Uhr	Zeit Min.	Thermometer an der tiefsten Stelle im Apparate	Thermometer in der Milch
Dampfeinlaß[1]) . .	7	10		
	7	21	84°	
	7	22	90°	
	7	24	94°	
	7	27	98°	93°
	7	29	99,5°	95°
Dampfeinlaß . . .	7	30	100°	98°
jetzt von unten . .	7	32		99°
	7	33	101,5°	100°
	7	35	102°	101°[2])
	7	52	102°	101,8°
	7	55	102,8°	102,5°
	7	58		102,5°

[1]) Druck $2^1/_4$ Atm.
7 Uhr 15 Min. $3^1/_4$ Atm.
[2]) Steigt dann auf 101,8° und bleibt auf dieser Temperatur länger Zeit stehen, während unten 102° ist.
Schluß: 7 Uhr 58 Min.

d) Thermometerablesungen nach Schluß der Hauptsterilisation.

Stelle, an der sich das Thermometer befand	Temperatur
Flasche rechts vorn	102°
" links "	102,5°
" rechts hinten	102,5°
" links "	102,5°
" Mitte vorn	102°
auf dem Einsatz liegend . . .	102,5°
am Boden des Apparates liegend	102°
freihängend in der Mitte . . .	102,5°

Am 19. Dezember erhielten wir 150 Flaschen dieser nicht infizirten, vollsterilisirten sowie 40 Flaschen der mit Cholera, Diphtherie, Typhus, Eiterkokken und Milzbrandsporen

infizirten und, wie erwähnt, nur zur Hälfte vollsterilisirten Milch. Die bakteriologische Untersuchung der infizirten Milch ergab, daß sämmtliche der Vorsterilisation unterworfenen Proben (von denen 10 Flaschen drei Tage bei 36,5° geblieben) keine Bakterien enthielten, selbst in 4 mit Milzbrandsporen infizirten Milchproben konnten Bakterien nicht gefunden werden. Die Platten blieben wochenlang im Zimmer unter günstigen Bedingungen steril. Die der Gesammtsterilisation unterzogene, infizirte Milch war selbstverständlich ebenfalls keimfrei.

Am 31. Dezember kamen von der nicht infizirten Milch 21 Flaschen in den Brutschrank bei 36,5°; dieselben hielten sich bis zum 4. Januar 1891 bei dieser Temperatur unverändert. 5 Flaschen mit verhältnißmäßig viel Milchschmutz wurden herausgegriffen und nochmals 3 Tage, vom 7. bis 10. Januar, bei 36,5° belassen. Am 10. Januar waren zwei davon umgeschlagen. Durch das Plattenverfahren ließen sich in ihnen die bekannten Köpfchenbakterien nachweisen. Dieselben Bakterien wurden auch noch in einer der nicht umgeschlagenen Flaschen aufgefunden. Die beiden anderen Flaschen ergaben folgendes: Flasche 1: Die Oberfläche der Platten war fast ganz mit einer matten, am Rande der Platten faltig werdenden Haut überzogen. Dieselbe bestand aus zahllosen großen, elliptischen Sporen, zwischen denen nur spärlich ziemlich große Stäbchen lagen. Flasche 3: Alle Platten von zahlreichen gleichartigen Kolonieen durchsetzt, die in der Tiefe grobe, spinnenförmige Gestalt zeigten, an der Oberfläche eine glanzlose Haut bildeten. Sie bestanden aus zahllosen oft perlschnurartig angeordneten Sporen, zwischen denen vereinzelt ziemlich große Stäbchen erkennbar waren.

10 Flaschen Milch, die 4 Tage lang bei 36,5° verblieben waren, wurden darauf bakteriologisch untersucht und 4 davon als steril befunden. In den anderen 6 wurden in allen Fällen dieselben Bakterien gefunden. Alle Platten zeigten sich durchsetzt von zahlreichen groben, spinnenförmigen Kolonieen, die an der Agaroberfläche stellenweise eine Haut bildeten. Sie bestanden durchweg aus frei daliegenden Sporen, nur selten konnte man noch die ziemlich großen und verblaßten Stäbchen wahrnehmen.

Von 10 Flaschen, die bei Zimmertemperatur aufbewahrt worden waren, erwiesen sich 5 als keimfrei; in 1 Flasche konnten die vielfach erwähnten Köpfchenbakterien, in 3 die schon vorher gefundenen, grobe, spinnenförmige Kolonieen bildenden Bakterien und in 1 ein grauer, die Oberfläche des Agars mit derber, runzeliger Haut überziehender Kartoffelbazillus gefunden werden.

Auch diese Versuchsreihe zeigte, daß die Krankheitserreger der Cholera, des Typhus, der Diphtherie, die Eiterkokken, die Milzbrandsporen schon durch die Vorsterilisation abgetödtet wurden.

Die nicht infizirte Milch war in eine sich mehrwöchentlich im Zimmer gut haltende Dauermilch verwandelt worden, welche aber nur zum Theil keimfrei war.

18. Milch, sterilisirt am 20. Dezember 1890.

Der Apparat wurde gefüllt mit 70 Flaschen Morgenmilch vom 20. Dezember aus Nauen, 30 Flaschen Abendmilch vom 17. Dezember ebendaher (diese Milch hatte im kühlen Zimmer 3 Tage in der Milchkanne gestanden) und 95 Flaschen Morgenmilch vom 20. Dezember (Nauen), die reichlich mit Sporen von Buttersäure, Heubazillus und verschiedenen Kartoffelbazillen versetzt war. Die Milch wurde nur einmal sterilisirt, ohne Vorsterilisation. Die abgelesenen Temperaturen sind in folgende Tabellen eingetragen.

a) Thermometerablesungen während der Sterilisation.

Gang des Versuches	Zeit Uhr	Zeit Min.	Thermometer unten an der tiefsten Stelle im Apparate	Thermometer in der Milch
Anfang des Dampfeinlasses von oben bei 2 Atm. Druck	1	47		
	2	10	96°	95°
	2	12	99°	97°
	2	13	100°	99°
Dampfzufuhr jetzt von unten . . .	2	14	102°	
	2	15	102°	100° [1]
	2	20	102,25°	101,5°
	2	23	102,25°	102°
	2	35		102,25°
	2	39	102,8°	102,5°
Schluß	2	40		

[1]) Druck $1^1/_4$ Atm.

b) Thermometerablesungen nach Schluß der Sterilisation.

Stelle, an der sich das Thermometer befand	Temperatur
Flasche rechts vorn	102,5°
„ links „	102,5°
„ rechts hinten	102°
„ links „	102°
„ Mitte	102,5°
auf dem Einsatze in der Mitte liegend	102,5°
am Boden des Apparates liegend	101,5°
in der Mitte freihängend . . .	102,5°

Sämmtliche Flaschen wurden uns zugeschickt.

Am 27. Dezember kamen 16 Flaschen der alten Milch vom 17. Dezember in den Brutschrank bei 36,5°; bis zum 31. Dezember hatte sich die Milch in 13 Flaschen, zum großen Theil unter Gasbildung, zersetzt. (Anaëroben?)

Bei der bakteriologischen Untersuchung fanden sich neben einer Reihe anderer Bakterien die bekannten Köpfchenbakterien, verschiedene Kartoffelbazillen und die durch ihre derben, spinnenförmigen Kolonieen leicht kenntlichen Bakterien vor. Auf eine Einzelbeschreibung sämmtlicher hierbei gefundenen Bakterien wollen wir nicht eingehen. Am 4. Januar wurden 20 Flaschen der frischen Milch vom 20. Dezember, von der bis dahin sich alle Flaschen bei Zimmertemperatur gut gehalten hatten, in den Brutschrank bei 36,5° gebracht, in welchem sie bis zum 8. Januar verblieben. An diesem Tage fanden sich 3 Flaschen umgeschlagen vor. Letztere enthielten, wie die bakteriologische Prüfung ergab, die gleichen Bakterien; es waren dies die blasse, spinnenförmige Kolonieen bildenden und dem Nährboden den Geruch nach saurem Kleister gebenden, kleinen Köpfchenbakterien. Aus der im Brutschrank unverändert gebliebenen Milch konnten verschiedene Bakterien isolirt werden. Untersucht wurden 10 Flaschen. Nur 1 Flasche war keimfrei. In 4 Flaschen fanden sich wieder die kleinen Köpfchenbakterien; 2 Flaschen enthielten Bakterien aus der Gruppe der Kartoffelbazillen, und 3 Flaschen die derbe, spinnenförmige Kolonieen bildenden Bazillen.

Von der Milch, die bei Zimmertemperatur aufgehoben worden war, wurden 8 Flaschen bakteriologisch untersucht. Davon waren 2 Flaschen steril, 2 enthielten

Bakterien, die auf der Platte kugelige Gebilde mit Ausläufern zeigten und die Oberfläche derselben fast ganz mit einer faltigen, glanzlosen Haut überzogen. Sie gehörten einer Art Kartoffelbazillen an. In 2 Flaschen wurden wieder die kleinen runde, endständige Sporen bildenden Köpfchenbazillen und endlich noch in 2 Flaschen die Bakterien der derben, spinnenförmigen Kolonieform gefunden.

Die infizirten Flaschen hielten sich fast alle bis Ende Januar bei Zimmertemperatur; nur verhältnißmäßig wenige zeigten bis dahin Veränderung. Bei 4 tägigem Verweilen im Brutschrank bei 36,5 ° (vom 27. bis 31. Dezember 1890) schlugen jedoch von 24 Flaschen 20 um; in einigen derselben hatte dabei auch eine Gasbildung stattgefunden. Der größte Theil der Flaschen wurde bakteriologisch untersucht, und es konnten in allen die eingeführten Bakterien mit Ausnahme der Buttersäurebazillen aufgefunden werden; letzteres gelang auch in den bei Bruttemperatur gut gebliebenen Proben.

Die alte, nicht infizirte Milch dieser Versuchsreihe war daher durch das Verfahren zwar vor schneller Zersetzung bewahrt, aber nicht in eine gute Dauermilch verwandelt worden, da sie selbst bei Zimmertemperatur nach einigen Wochen sich zersetzte und zahlreiche Keime enthielt.

Die frisch bezogene Milch war dagegen zu einer guten Dauermilch geworden, die trotz der einmaligen Sterilisation sich längere Zeit im Zimmer hielt. Keimfrei war sie nicht.

Die mit reichlichen Sporenmengen beschickte Milch konnte durch die einmalige Sterilisation nicht keimfrei gemacht bezw. in Dauermilch umgewandelt werden.

19. Milch, vom 3. bis 6. Januar der fraktionirten Sterilisation (bis auf 80 ° C) unterzogen.

Nach Angaben von anderer Seite soll es möglich sein, durch fraktionirte Sterilisation an 4 bis 5 aufeinanderfolgenden Tagen bei verhältnißmäßig niedriger Temperatur (60 bis 70 °) die Milch keimfrei zu machen.

Da eine in dieser Weise hergestellte Milch der geringeren Erhitzung wegen voraussichtlich besser schmecken und weißer bleiben wird, als eine bei höherer Temperatur behandelte, so haben wir zu unserer Aufklärung auch einen Versuch im Großen in dieser Richtung anstellen lassen.

Milch, welche am 3. Januar 1891 von Nauen ankam, wurde an demselben Tage 1 Stunde lang bis auf 78 ° erhitzt, die Erhitzungszeit von dem Augenblicke an gerechnet, wo das in der Milch befindliche Thermometer 70 ° anzeigte. Am 4., 5. und 6. Januar Nachmittags wurde die Milch in gleicher Weise behandelt. Die Milchflaschen blieben während der ganzen Zeit mit lose aufgelegtem Verschlusse im Apparate, der sich in einem warmen Zimmer befand, und wurden erst am Schlusse der letzten Erhitzung (6. Januar) geschlossen.

Am 7. Januar 1891 erhielten wir sämmtliche Flaschen. Die Milch zeigte durchweg gute Farbe, guten Geruch und Geschmack und wurde zur weiteren Beobachtung zunächst im warmen Zimmer, in der Nähe des Ofens aufbewahrt. Am 14. Januar machten sich in einigen Proben Zersetzungen unter starker Gasbildung bemerkbar, die bei einigen Flaschen so bedeutend waren, daß eine vollständige Zertrümmerung derselben bewirkt wurde. Von da ab ging die Zersetzung der Milch in rascher Weise weiter. 10 Flaschen, welche am 8. Januar in den Brutschrank von 36,5° kamen, befanden sich nach 2 Tagen in vollständiger Zersetzung, wobei so starke Gasbildung auftrat, daß ein Theil des Flascheninhalts durch den emporgehobenen Verschluß in den Brutschrank ausgespritzt wurde. Auf eine bakteriologische Untersuchung verzichteten wir in diesem Falle; der Versuch, durch fraktionirte Sterilisation unter 80 ° eine Dauermilch herzustellen, mußte als mißlungen bezeichnet werden.

20. Milch, am 20. und 21. Januar 1891 sterilisirt.

Am 20. und 21. Januar 1891 wurden je 100 Flaschen Milch aus einem Kuhstalle in der Jüdenstraße der Sterilisation unterzogen.

Da sich im Laufe unserer Untersuchungen ergeben hatte, daß in den allermeisten Fällen eine stark mit Milchschmutz beladene Milch, wie auch von vornherein zu erwarten, am schwierigsten keimfrei zu machen war, so wurde an diesen beiden Tagen besonders darauf geachtet, den Milchschmutz soweit wie eben möglich zu entfernen. Bei der bakteriologischen Untersuchung dieser Milch, die von gutem Aussehen, guter Farbe und Geschmack war, ergab sich dann auch, daß 20 Flaschen sämmtlich als keimfrei bezeichnet werden mußten.

21. Versuche mit Milzbrandsporen in steriler Milch.

In früheren Versuchsreihen war mehrfach gefunden worden, daß Milzbrandsporen schon durch die Vorsterilisation abgetödtet wurden. Da bei diesen Versuchen die infizirte Milch längere Zeit einer ziemlich hohen Temperatur (angenähert 100°) ausgesetzt gewesen war, nach der Vorschrift der Erfinder aber in der Regel die Milch nicht weit über 90° erhitzt werden soll, so hielten wir es für zweckmäßig, noch einen Versuch über das Verhalten der Milzbrandsporen in der Milch bei dieser etwas niedrigeren Temperatur anzustellen. Für diesen Zweck benutzten wir die obenerwähnten, neuerdings erhaltenen, besonders widerstandsfähigen Sporen. Die Untersuchungen von Esmarch [1]) rechtfertigen die Vermuthung, daß Milzbrandsporen von verschiedener Herkunft und Alter auch in der Milch gegen das Abtödten durch Hitze sich verschieden verhalten werden. Schon aus diesem Grunde war es erwünscht, mit dem neuen Sporenmaterial die Versuche bei einer Temperatur von angenähert 90° zu wiederholen.

Wir versetzten am 14. Februar 1891 12 Flaschen sterile Milch reichlich mit Milzbrandsporen und unterzogen dieselben sofort, nachdem wir zuvor aus 2 Flaschen 2 Meerschweinchen je 1 cc der infizirten Milch unter die Rückenhaut injizirt hatten, der Vorsterilisation. Diese Kontrolthiere gingen vor Ablauf von 36 Stunden an hochgradigem Milzbrand zu Grunde.

Die während der Vorsterilisation gemachten Thermometerablesungen sind in nachstehende Tabellen eingetragen.

---

[1]) Dr. E. v. Esmarch. Die Milzbrandsporen als Testobjekt bei Prüfung von Desinfizientien. Zeitschr. f. Hygiene v. Koch u. Flügge, 5 Bd. S. 67.

a) Thermometerablesungen während der Vorsterilisation.

Gang des Versuches	Zeit Uhr	Zeit Min.	Thermometer an der tiefsten Stelle im Apparate	Thermometer in der Milch
Anfang des Dampfeinlasses in den kalten Apparat .	12	55		
Dampfzutritt langsam von oben .	1	5	73°	86°
Dampfzutritt von unten und oben .	1	7	83° rasch steigend	89°
	1	8	90°	89°
	1	9		90°
Dampfzufuhr gemäßigt	1	10	fällt auf 87°	90°
	1	14		89°
	1	15	87°	88°
	1	19		89,5°
	1	20		90°
	1	21	92°	91°
	1	22		91,5°
	1	23	92,5°	91,5°
Schluß	1	24	92,5	92°

b) Thermometerablesungen nach Schluß der Vorsterilisation.

Stelle, an der sich das Thermometer befand	Temperatur
Flasche rechts vorn	90,5°
„ links vorn	90,5°
„ in der Nähe der infizirten Milch:	
vorn	93°
Mitte	90,5°
hinten	91°
auf dem Einsatze bei der infizirten Milch liegend	95°
am Boden des Apparates liegend	94,5°
in der Mitte frei hängend . .	95°

Aus den beiden Flaschen, deren Milch wir vor der Vorsterilisation zum Thierversuch benutzt hatten, entnahmen wir sofort nach der Vorsterilisation am 14. Februar je 2 ccm Milch und spritzten diese 2 kleinen Meerschweinchen unter die Rückenhaut. Am 17. Nachmittags war das eine dieser Thiere an Milzbrand eingegangen, das andere blieb munter und ging auch in der Folge nicht ein.

Von der Milch zweier Flaschen die 24 Stunden im Brutschrank gewesen, wurden am 17. Februar 2 Meerschweinchen je 2 ccm und 2 Mäusen je 0,5 ccm unter die Rückenhaut gespritzt. Am 18. Februar war die eine, am 21. die andere Maus, und am 19. Februar waren beide Meerschweinchen an Milzbrand zu Grunde gegangen. Dies Ergebniß kann so erklärt werden, daß die Milzbrandsporen durch die Vorsterilisation zum Theil abgetödtet, vielleicht aber auch nur abgeschwächt worden sind.

Vier Flaschen der Milch, die vom 20. bis 24. Februar im Brutschrank gestanden, ließen bis dahin keine Aenderung an ihrem Inhalt erkennen. Alle zeigten einen luftverdünnten Schüttelraum. In diesen Flaschen konnten auch durch das Plattenverfahren die Milzbrandkeime nachgewiesen werden.

Während demnach bei den früheren Versuchsreihen das ältere Milzbrandsporenmaterial im Verlaufe der Vorsterilisation durch 15 Minuten langes Erhitzen der Milch auf annähernd 100° vernichtet wurde, gingen die sehr widerstandsfähigen, frischen Sporen bei 15 Minuten langem Erhitzen auf 90° bis 93° nur zum Theil zu Grunde. Das Milzbrandgift nahm auch bei diesen Versuchen, wie zu erwarten, im Vergleich mit den anderen organisirten Krankheitserregern eine durch große Widerstandsfähigkeit der Sporen charakterisirte Sonderstellung ein.

22. Von auswärts eingeschickte Milch.

Wir erhielten aus folgenden Städten, in welchen Milchsterilisirungsanstalten mit Neuhauß-Gronwald-Oehlmannschen Apparaten arbeiten, nach diesem Verfahren sterilisirte Milch zugesandt:

1. Am 21. November 1890 aus Lübeck 10 Flaschen Milch mit Plombe Nr. 12 verschlossen, bezeichnet:

„Keimfreie Dauermilch
hergestellt von der Lübecker Genossenschaftsmeierei unter Leitung des Apothekers W. Rickarts. Liegend aufzubewahren. Vor dem Gebrauche umzuschütteln."

2. Am 22. November 1890 aus Strehlen in Schlesien 10 Flaschen Milch mit Plombe Nr. 6 verschlossen, bezeichnet:

„Keimfreie Dauermilch
Strehlener Molkerei E. G. m. u. H., Strehlen in Schlesien."

3. Am 24. November aus Elberfeld 10 Flaschen Milch mit Plombe Nr. 4 verschlossen, bezeichnet:

„Keimfreie Dauermilch
Erste Elberfelder Milchsterilisirungsanstalt Dr. Haarmann & Schlipköter, Varresbeck."

4. Am 24. November 1890 aus Leipzig 11 Flaschen Milch, 10 Flaschen mit Plombe Nr. 3 verschlossen und in Leipzig am 8., 10., 13., 15., 18., 21., 26., 31. Oktober, 13. und 16. November 1890 sterilisirt, und 1 Flasche Milch, Plombe ohne Nummer, Abendmilch vom 28. Mai, sterilisirt in Berlin am 29. Mai. Die ersteren Flaschen sind bezeichnet:

„Keimfreie Dauermilch, Milchverwerthungsgesellschaft zu Leipzig
Otto Siebold & Co., Querstraße 14."

5. Am 26. November 1890 aus Nauen 10 Flaschen Milch mit Plombe Nr. 1 verschlossen, bezeichnet:

„Keimfreie Dauermilch
R. G. Haeublein, Nauen."

6. Am 5. Dezember 1890 aus Hofschwalbach 12 Flaschen Milch mit Plombe Nr. 9 verschlossen, bezeichnet:

„Keimfreie Dauermilch
Wilhelm Lindheimer, Hofschwalbach b. Cronberg im Taunus."

Die gesammte uns zugesandte Milch hatte gutes Aussehen, mehr oder minder schwach gelblichweiße Farbe, guten Geruch und Geschmack.

Milchschmutz wurde in allen Flaschen gefunden, in einigen in geringer, in anderen in ziemlich beträchtlicher Menge.

Die Milch aus Hofschwalbach zeichnete sich durch die bedeutende Rahmmenge und die dadurch bedingte gute Farbe aus. Die Flaschen wurden liegend im warmen Zimmer aufbewahrt; die Milch rahmte stark auf, eine andere Veränderung erlitt sie nicht. Am 12. Januar kamen in den Brutschrank bei 36,5° je 5 Flaschen aus Elberfeld, Hofschwalbach, Leipzig (10., 13., 15., 31. Oktober und 16. November 1890), Lübeck, Nauen und Strehlen. — Außerdem wurden bei derselben Temperatur belassen noch je 2 Flaschen aus Elberfeld vom 25. August 1890, Hofschwalbach vom 25. August 1890, Leipzig vom 25. August 1890, Lübeck vom 8. August 1890 und Strehlen vom 25. August 1890, welche uns in Berlin übergeben worden waren. Bis zum 16. Januar verblieben alle Flaschen bei 36,5°; in keiner derselben waren bis dahin sichtliche Veränderungen aufgetreten. Eine Anzahl der im Brutschrank gewesenen und der bei Zimmertemperatur gehaltenen Flaschen wurden der bakteriologischen Untersuchung unterzogen. Dabei stellte sich folgender Befund heraus:

Milch aus Elberfeld: 5 der im Brutschrank gewesenen Flaschen enthielten die gleiche Bakterienart, Stäbchen, welche auf Agar kleine, mattgelbliche, unscharf begrenzte Kolonieen bildeten, die unter dem Mikroskope als derbe, spinnen- oder besser insektenähnliche Gebilde erschienen mit meist hellem, weniger dichtem Zentrum und dunklem, dichterem Rande, von dem zahlreiche verzweigte, fein punktirte Ausläufer ausgingen. Die Milch der beiden anderen Flaschen enthielt Bakterien, welche auf Agar in Form kleiner, runder Kolonieen von mattgrauweißer Farbe wuchsen und die Agaroberfläche schnell mit einer matten, faltigen Haut überzogen. Die Kolonieen zeigten unter dem Mikroskope meistens rundliche, mit feinen, verzweigten Ausläufern besetzte Gestalt, oft aber auch ganz unregelmäßige, zerzauste Formen. In der Milch zweier bei Zimmertemperatur verbliebenen Flaschen konnten Keime nicht aufgefunden werden.

Milch aus Hofschwalbach: Von der in den Brutschrank gebrachten Milch wurden 2 Flaschen als keimfrei und 5 Flaschen bakterienhaltig gefunden. In Letzteren fanden sich überall dieselben Bakterien. Diese bildeten im Brutschrank auf Agar Kolonieen, welche unter dem Mikroskope derbe, meist undurchsichtige, kugelige, manchmal in der Mitte weniger dicht erscheinende, spinnenförmige Gebilde darstellten, in denen schon bei etwas stärkerer Vergrößerung die Sporen als schwarze, punktförmige Körperchen zu erkennen waren. Die Milch der beiden im Zimmer aufbewahrten Flaschen war keimfrei.

Milch aus Leipzig: Von den im Brutschrank gewesenen Flaschen war die Milch zweier Flaschen vom 10. Oktober und vom 16. November 1890 keimfrei; die Milch der 5 andern erwies sich bakterienhaltig, und zwar wurden in allen die gleichen Bakterien gefunden. Auf Agar bildeten sie meist derbe, ganz undurchsichtige, kugelige Kolonieen, deren Oberfläche besetzt war mit zahlreichen moosartigen Auswüchsen, und welche die Agaroberfläche mit einer matten, runzligen Haut überzogen. Von 2 bei Zimmertemperatur aufbewahrten Flaschen war die Milch einer Flasche (vom 8. Oktober 1890) keimfrei, in der Milch der anderen (vom 21. Oktober 1890) fanden sich Bakterien, welche auf Agar Kolonieen gaben, die in der Tiefe weiße Punkte, an der Oberfläche glänzende, weiße Tröpfchen bildeten. Unter dem Mikroskope erschienen die tiefgelegenen von runder, oft spitz eiförmiger, glattrandiger, undurchsichtiger Gestalt; sie hatten einen häufig mit Auswüchsen besetzten Rand. Die hochgelegenen, glänzenden Tröpfchen erschienen als fein punktirte, nach dem Rande zu heller werdende Scheiben. Die nähere Untersuchung ergab, daß die vielfach erwähnten, keulenförmigen Köpfchenbakterien vorlagen.

Die im Mai in Berlin sterilisirte und uns von Leipzig zugesandte Milch war keimfrei.

Milch aus Lübeck: Die Milch sämmtlicher bei Brutschrank- und bei Zimmertemperatur gewesenen Flaschen enthielt keine Bakterien.

Milch aus Nauen: In der Milch dieser Flaschen konnten Bakterien nicht gefunden werden.

Milch aus Strehlen: 2 bei Zimmertemperatur und 3 im Brutschrank gehaltene Flaschen enthielten keimfreie Milch. In der Milch der übrigen 4 bei 36,5 ° gewesenen Flaschen fanden sich Bakterien, und zwar konnte in allen Flaschen nur die gleiche Bakterienart nachgewiesen werden. Die Kolonieen erschienen auf Agar unter dem Mikroskope als meist ziemlich große, derbe, kugelige Gebilde mit einem etwas undurchsichtiger, als die Mitte erscheinenden Rande, von dem zahlreiche zerzauste, fein punktirte Ausläufer abgingen. An vielen Stellen sah man auch große, derbe Kolonieen von spinnen- oder insektenähnlicher Form. Die an der Oberfläche liegenden bildeten eine wenig auffallende Haut.

Die von auswärts geschickte Milch konnte demnach als eine gute Dauermilch bezeichnet werden, die zum Theil wirklich keimfrei war. Interessant war der Umstand, daß in den von auswärts geschickten Milchproben sich dieselben Bakterienarten wie in der Berliner Milch vorfanden.

Schlußfolgerungen.

Die Ergebnisse unserer Versuche, welche sich auf die Beobachtung von mehr als 1800 Flaschen Milch beziehen, von denen über 600 bakteriologisch untersucht wurden, können in nachstehende Sätze kurz zusammengefaßt werden:

1. Durch das Verfahren von Neuhauß, Gronwald, Oehlmann gelang es, eine Dauermilch herzustellen, welche bei gewöhnlicher Temperatur sich auf mehrere Wochen und Monate in genießbarem Zustande erhielt. Dieses Ergebniß wurde nicht nur unter unserer Leitung und Aufsicht, sondern auch ohne dieselbe und bei den außerhalb nach angeblich gleichem Verfahren ausgeführten Versuchen erzielt.

2. Die nach dem Verfahren hergestellte Milch erwies sich in vielen Fällen als wirklich keimfrei. In einer größeren Anzahl von Milchproben konnten jedoch lebensfähige Keime in mäßiger Menge aufgefunden werden, so daß die Bezeichnung „keimfrei" nicht in allen Fällen zutraf.

3. Diese Keime, welche der Abtödtung entgangen waren, gehörten anscheinend nur zu den Bakterienarten aus den Gruppen der Heubazillen und Kartoffelbazillen, die erst bei Bruttemperatur gut wachsen und schnell ihre äußerst widerstandsfähigen Sporen bilden. In der Milch riefen sie bei gewöhnlicher Temperatur in den dem Verfahren unterzogenen Flaschen erhebliche Zersetzungen nicht hervor, wenigstens konnten dafür in unseren Versuchen keine Anhaltspunkte gefunden werden. Trotzdem erscheint

es uns nicht zweckmäßig, eine solche Milch eine längere Reihe von Monaten für den Genuß aufzubewahren.

4. Bei Bruttemperatur traten in der nach Neuhauß, Gronwald, Oehlmann behandelten Milch bei Anwesenheit der unter 2 und 3 erwähnten Bakterien zuweilen Zersetzungen auf, welche sich schon durch den Geruch sowie das Fehlen einer Gasbildung von der gewöhnlichen Fäulniß unterschieden.

5. Bei der Behandlung der Milch in der von Neuhauß, Gronwald, Oehlmann angegebenen Weise wurde dieselbe, wie durch zahlreiche Temperaturmessungen in der Milch selbst nachgewiesen werden konnte, während der sogenannten Vorsterilisation auf 90 bis 99°, während der Hauptsterilisation auf annähernd 102° C gebracht. Der Apparat konnte ohne besondere Schwierigkeiten in der Weise gehandhabt werden, wie solches von den Erfindern desselben in ihren Betriebsvorschriften verlangt wird, und es erwies sich dieser Betrieb als zweckmäßig.

6. Der Apparat ermöglichte es, die Flaschen nach Beendigung der Sterilisation ohne Zutritt der Luft zu verschließen. Dieselben waren daher luftleer, wodurch die Wachsthumsbedingungen für die der Abtödtung entgangenen und durch die Erhitzung abgeschwächten, aëroben Keime erheblich verschlechtert wurden, so daß die Milch, um so mehr beim Aufbewahren in kühlen Räumen, an Haltbarkeit gewonnen hatte.

7. Die Krankheitskeime des Milzbrands, der Cholera, des Typhus, der Tuberkulose, der Diphtherie, des Erysipels, die Eiterkokken, sowie die Bakterien der blauen Milch und ähnlicher Arten gingen ausnahmslos bei dem Verfahren in der Milch zu Grunde.

8. Auch die Bakterien, welche die sogenannte normale Gerinnung der Milch hervorrufen, wurden durch das Verfahren und zwar oftmals schon durch die Vorsterilisation vernichtet.

9. Von größter Wichtigkeit für die guten Erfolge des Verfahrens war die gute Beschaffenheit der dazu verwendeten Milch. Je reiner und frischer dieselbe war, um so leichter und sicherer gelang die Herstellung der „keimfreien" Dauermilch. Der als „Milchschlamm" oder „Milchschmutz" bekannte Absatz schien die Hauptquelle der unter 2 bis 4 erwähnten widerstandsfähigen Keime zu sein, und es ist daher anzustreben, die Milch vor ihrer Verarbeitung auf Dauermilch von diesem Absatz zu befreien.

10. Die Dauermilch nach Neuhauß, Gronwald, Oehlmann unterschied sich von frischer Milch meist durch einen leichten Kochgeschmack. Nach unseren Erfahrungen erwies sie sich aber als vollkommen wohlschmeckend, so daß sie gern genossen wurde.

11. Für die Herstellung von Dauermilch im Großen war das Verfahren von Neuhauß, Gronwald und Oehlmann zweckmäßig und sicher.

Die sterilisirte Milch kann als Nahrungsmittel für die ärmere Bevölkerung nur dann Bedeutung erlangen, wenn sie nicht oder nur wenig theurer ist, als die rohe Milch. Es war nicht unsere Aufgabe, zu erwägen, ob es möglich sein würde durch das hier eingehend berücksichtigte Verfahren dieses Ziel zu erreichen. Der Preis der Milch müßte sich besonders niedrig stellen, wenn die Milchproducenten ihre frisch gewonnene Milch selber sterilisiren würden.